Christine von Brühl, geboren 1962 in Ghana, studierte Slawistik, Geschichte und Philosophie in Lublin, Heidelberg und Wien. Promotion über das Dramenwerk von Anton Pavlovic Cechov. Nach Stationen bei der Zeit, Sächsischen Zeitung und dem Magazin arbeitet sie als Autorin und Publizistin und leitet das Chemnitzer Büro der Sächsischen Landeszentrale für politische Bildung. Mit ihrer Familie lebt sie in Chemnitz, Berlin und im Harz.

Teresa Habild, geboren 1979 in München, studierte visuelle Kommunikation in Offenbach/Main. Seit 2007 freie Tätigkeit als Illustratorin und Cartoonistin. Zahlreiche Buch- und Kalendergestaltungen.

Christine von Brühls Mann hat ein verwildertes Grundstück im Wald entdeckt und möchte darauf einen Garten anlegen. Das Gelände ist unwegsam und düster, es gibt weder Wasser noch Strom. Dafür aber Brennnesseln. Christine vom Brühl fühlt sich verloren und fremd. Ihr Mann gewinnt Regenwasser vom Dach und leitet es ins Haus. Sie bewaffnet sich mit Gießkanne und Gummistiefeln und gießt eigenhändig die Rhododendren. Das Projekt ist zu einem gemeinsamen geworden. Aber plötzlich taucht ein neuer Gegner auf. Als wären Trockenheit und fehlendes Licht nicht schon genug. Er ist mächtig, er ist der kosmische Antagonist des halbschattigen Gärtnerpaares: die Wühlmaus.

Christine von Brühl

Der Schattengarten

Wie ich mein Glück im Moos fand

Mit Illustrationen von
Teresa Habild

kanon verlag

Für Dirk Schekatz,
der mir die Kunst der
Landschaftsarchitektur
gezeigt hat

Inhaltsverzeichnis

Kapitel I

Rhododendronbüsche wie Kathedralen

Ich stand verschlafen in kurzen Hosen und Gummistiefeln am Rand einer struppigen Wiese und goss mit einer hellgrünen Gießkanne die Rhododendren. Das Wasser blieb einen Moment lang auf der Erde, bevor es langsam in den Spalten verschwand. Der Boden war hier an der Kante steinig und trocken.

Gestern noch befanden sich die Büsche unbeachtet in einem Gartencenter am Ortseingang von Sangerhausen, doch Franz, mein Ehemann, hatte sie aus dem schmucklosen Ambiente befreit und gleich abends nach der Rückkehr in seinem Grundstück am Kyffhäuser eingepflanzt. Jetzt blühten sie dort dunkelrot und violett, die Blumen bildeten duftige Kugeln, die Blätter glänzten im Halbschatten.

Ich freute mich über die leuchtenden Farben. Sie erinnerten mich an meine Kindheit in London. Fast jedes Wochenende fuhren meine Eltern mit meinen Geschwistern und mir in einen der zahlreichen Parks in London und Umgebung: Ob Kew

Gardens oder Hyde Park, Richmond, Sissinghurst oder Kensington Gardens, kein noch so triftiger Grund konnte sie daran hindern, eine der weitläufigen Gartenanlagen aufzusuchen. Kaum waren wir dort angelangt, kletterten wir Kinder aus dem roten Volkswagen und stürmten ins Freie, genossen uneingeschränkte Freiheit.

Meinen Lieblingsplatz fand ich regelmäßig in einem der Rhododendronbüsche. Haushoch wölbten sie sich aus dem hellgrünen Rasen empor, bildeten ein dichtes Blätterdach und spendeten kühlen Schatten. Ich konnte mich darin verstecken, unbemerkt herumklettern, mir eine Höhle bauen und gleichzeitig durch das Blättergewirr beobachten, wie meine Mutter die Picknickdecke ausbreitete und meine Geschwister über die Wiese jagten.

Einmal entdeckte ich ein Nest, in dem eine Amsel saß und ihre Eier ausbrütete. Sie hielt mucksmäuschenstill, ähnlich wie ich selbst, denn wir hatten uns beide sehr erschreckt. Allein die Neugier ließ uns nicht auf und davon stieben. Langsam tastete ich mich rückwärts, hielt mich an einem der Äste fest, um nicht hinzufallen, blieb schließlich stehen. Die Amsel beobachtete mich misstrauisch mit ihren schwarzen Kugelaugen. Bis heute erinnere ich mich an ihr glänzendes Federkleid. Sie muss sich unheimlich gefürchtet haben, doch ihr Gelege gab sie nicht preis.

In den Rhododendren fühlte ich mich beschützt und daheim, verkroch mich immer neu in diese Kathedralen aus Blätterwerk und Gehölz, stellte mir vor, dass die Blüten Fenster wären aus rotem, weißem, violettem und rosafarbenem Glas. Mit den Büschen zu meinen Füßen, die ich in der Morgensonne am Kyffhäuser mit Wasser versah, ließen sich solche Dimensionen kaum vergleichen, doch sie gaben mir Hoffnung, immerhin. Wenn ich sie nur tüchtig gösse, dachte ich beim Betrachten meines Werkes, dann würden sie sicher einmal so groß wie die prächtigen Exemplare von Kew Garden werden.

Kindheit und London liegen weit zurück, ich wohne inzwischen mit meiner Familie in einer Dreiraumwohnung in Berlin, die Straße ist eng und dicht beparkt mit Autos. Einen Balkon oder gar Garten gibt es dort nicht. Allein der Hinterhof lädt zum Verweilen ein. Britische Parkanlagen sind in meinem bürgerlichen Leben nur noch bedingt erfahrbar.

Die Sehnsucht ist geblieben, die Liebe zu Sissinghurst, das Anwesen von Vita Sackville-West in Kent bleiben lebendig. 1930 kaufte die Schriftstellerin die Ruine des Schlosses südlich von London, um dort einen Garten anzulegen. Eindrücklich schilderte sie ihr Engagement in den Briefen an ihren Ehemann Harold Nicolson, spiegelte es in ihren Tagebucheinträgen und Gartenkolumnen. Die Texte beschreiben, nach welchen Gesichtspunkten die Pflanzen ausgewählt wurden und wie viele, wo Beete und Rabatten, wo ein Brunnen und ein Steinwall entstanden und aus welchem Grund. Sie drücken die Gefühle aus, die Sackville-West für Nicolson empfand. Der Garten wurde zum Portrait ihrer Ehe.

Nicht zuletzt suchte die Schriftstellerin damit dem Krieg etwas entgegenzusetzen und ließ ein Areal eigen mit allein weißblühenden Blumen ausstatten. Sie wollte, dass die Bomberpiloten aus Deutschland hoch oben in ihrem Cockpit erkannten, dass dort unten Menschen lebten, die sich Frieden wünschten.

Als Franz auf einer Wanderung durch den Kyffhäuser ein verwildertes Grundstück im Wald entdeckte und mir zur Kenntnis gab, er wolle es kaufen, war ich nicht abgeneigt. Er erzählte mir aufgeregt von einer sonnigen Lichtung im Wald, abgeschieden von der Welt und gleichzeitig geschützt von einem Steinbruch, der seit vielen Jahren nicht mehr genutzt wurde.

Ich träumte die Erzählung glücklich weiter, stellte mir einen lichten Garten mit großzügigen Wiesenflächen vor, Rasen so weit, dass man darauf Krocket oder Boule spielen konnte, dicht bepflanzte Beete wie bei Sackville-West in Sissinghurst mit bunt wuchernden Blumen, nach Farben sortiert, Gladiolen und Dahlien, Schleierkraut und Ringelblumen, Rosen und Vergissmeinnicht, aus denen sich leicht Sträuße winden und hübsche Arrangements für die Vase komponieren ließen, moosbedeckte Pfade, Steintreppen und einen einsamen Teich, in dem ich an heißen Tagen unbekleidet baden konnte. Flimmerndes Licht durch schattenspendende Blätter, ein Teehäuschen aus Rindenholz wie zu Zeiten von Luise von Preußen und, selbstverständlich, ein Rondell mit ausladenden Rhododendronbüschen.

Stolz setzte sich Franz mit mir in Berlin ins Auto, um mir seine Neuerrungenschaft zu präsentieren. Anton und Anna, unsere beiden Kinder im Grundschulalter, ließen wir bei Freunden zurück. Es war März, ein kühler, windiger Tag. Rechts und links von der Autobahn streckten sich unbestellte Äcker übers Land, die Natur war karg und abweisend. Nach zwei Stunden Autofahrt verließen wir die Strecke, die gen Süden führte, und gerieten in die wohl ödeste Gegend des Landes. Unser Wagen passierte rauchende Schlote und steile Halden aus unfruchtbarem Abraum. Das Land wurde immer leerer. In dem Dorf, durch das wir fuhren, nachdem wir die Autobahn verlassen hatten, war kein Mensch auf den Bürgersteigen und Plätzen zu sehen, dabei war draußen heller Nachmittag.

»Wo sind hier denn alle?« fragte ich verwundert.

Franz zuckte mit den Schultern. »Das ist so in der Provinz«, meinte er gleichmütig. »Die Menschen verlassen ihr Haus nur für die Arbeit und gehen früh ins Bett.«

Wir hielten vor einem Supermarkt, um Obst und Gemüse zu kaufen, Brot, Butter und Marmelade. Zwischen den Regalen traf ich Damen in engen Lurexblusen mit farbenfroh gefärbten Frisuren, Herren in Trainingsanzügen, die ihr tägliches Bier nebst Schnapszugabe erstanden. Ihre Bäuche hingen wie schwere Taschen über den Hosenbund. Mich fröstelte, ich schlug die Arme übereinander, während wir an der Kasse warteten, und wollte schnell zurück ins geheizte Auto. »Haben Sie eine Deutschlandkarte?«, fragte die Kassiererin laut. Ich verneinte schüchtern. Sie zog missbilligend die Mundwinkel nach unten. Mir schwante Schlimmstes.

Kapitel 11

Ruf der Wildnis

Über eine schnurgerade Straße, die zum Kyffhäuser hinaufführte, gelangten wir an den unteren Rand des Bergzugs. Dicht bewaldet, erhob er sich wie ein schlafendes Tier parallel zur Autobahn aus dem flachen Land. Einem Zeigefinger gleich, ragte das Kaiser-Wilhelm-Denkmal darin auf. Es war unübersehbar.

Wir stellten das Auto ab, packten unsere Einkäufe in Rucksäcke und liefen zu Fuß weiter, denn die Straße war von hier ab nur noch schlecht befahrbar. Bald fing ich an zu schwitzen, meine Brille beschlug. Der Abzweig zum Grundstück war derart mit Gestrüpp und Brombeerranken bewachsen, dass wir ihn beinahe nicht erkannten. Dahinter war es plötzlich schattig und kühl. Ein schlammiger Hohlweg führte in den Wald hinein. Ich konzentrierte meinen Blick auf den Boden, um nicht auszurutschen oder zu stolpern. Zum Glück hatte ich meine Blundstones angezogen, Stiefel, die in Australien entwickelt worden waren. Damit konnte man sogar Feuer austreten.

Der Weg wurde steiler, der Untergrund steiniger. Felskanten waren unter den Schuhen zu spüren, die Steine zerklüftet und schartig gespült. Hier war bestimmt schon lange kein Fahrzeug mehr gefahren. »Jetzt ist es nicht mehr weit«, murmelte Franz und fing erwartungsfroh an zu pfeifen. Der Hohlweg verwandelte sich in einen schmalen Pfad und ließ sich nur noch langsam bezwingen. Das Dickicht rechts und links wurde dichter. Brennnesseln wuchsen auf dem Weg. Lange Halme und dornige Ranken schienen wie Arme nach mir zu greifen. Dahinter ragten Tannen, Kiefern und Fichten empor: Sie wuchsen eng aneinander den Hang hinauf. Es herrschte düstere Stille.

Franz hatte sich mit einem Stock bewaffnet und schlug die Brennnesseln zur Seite. In grünen Fetzen flogen die Blätter und Stiele durch die Luft. Ich musste aufpassen, dass mich nichts davon traf. Auf einmal bog er rechts ab und kletterte scheinbar ansatzlos den Hang hinauf, doch er hatte sich nicht geirrt: Der Untergrund wurde lichter und wies Reste einer Fahrspur auf. Hier war offensichtlich einst der reguläre Zugang zum Grundstück gewesen.

Wir folgten der Fährte, überwanden Wurzeln und Steine, bogen ein zweites Mal nach rechts ab, und – plötzlich waren sie zu erkennen: zwei alte Hütten, eine rechts, eine links im Hintergrund, das Holz vor Nässe schwarz, die Fenster stumpf. Notdürftig mit Pappe und Teer bedeckt, duckten sie sich in die Wildnis. Erleichtert, am Ziel angelangt zu sein, marschierte Franz mit schnellen Schritten auf die Behausungen zu, den harten Brennnesselstock noch immer in seiner Hand. »Alles meins«, schien er mir bedeuten zu wollen, »mein Land, meine Häuser, mein Wald«, aber er sprach es nicht aus.

Ich blieb allein zurück und versuchte, mich zurechtzufinden. Haushoch ragten Farne, Gräser und Buschwerk auf, ließen kaum Licht oder Sonne zu mir durch. Vom Himmel konnte ich nur einzelne Fetzen erkennen. Alleingelassen und regungslos, vernahm ich endlich das Zwitschern der Vögel, das Summen und Brummen der unzähligen Insekten, die sich hier aufhielten, spürte Bewegungen und Flügelschläge in allernächster Umgebung. Tiefe Scheu befiel mich, ein Unbehagen und Gefühl von Einsamkeit. Ein Reich für sich schien das hier zu sein, wildes, unberührtes Land. Unmittelbar vor meinen Augen rannten Ameisen die Farnstiele hinauf und hinunter, hangelte sich ein schwarzer Käfer von Blatt zu Blatt. Eine Schnecke ohne Haus rutschte langsam, aber zielstrebig einen Ast entlang. Alle schienen hier genau zu wissen, wohin sie wollten und was sie zu tun hatten. Nur mir fehlte der Zugang.

Plötzlich hörte ich links von mir ein lautes Geräusch. Hastig trappelten Hufe über den Boden, es raschelte in den Büschen. Das mussten mehrere Lebewesen zugleich sein, Vierbeiner von nicht unerheblicher Größe. Vorsichtig bog ich die Zweige zur Seite, um herauszufinden, was für Tiere es waren, doch das Gestrüpp war zu dicht. Ich konnte nichts erkennen. Also duckte ich mich und schob mich langsam nach vorne. Auf einmal war alles still. Ich machte einen weiteren Schritt, bog vorsichtig um die Ecke, und – zu spät. Panisch vor Angst hetzten die Tiere los, brachen ziellos durch die Büsche und versuchten, zu entkommen. Jetzt richtete ich mich auf, um besser zu sehen, und tatsächlich: Es waren Mufflons, wilde Schafe, die sich augenscheinlich hierher verirrt hatten. Fünf oder sechs Exemplare mussten es sein. Sie rannten vor mir her, wichen nach links aus, dann nach rechts, suchten so schnell wie möglich das Weite. Präzise waren ihre braunen Rücken zu sehen, darüber die gebogenen Hörner, das hellere Fell an Beinen und Bauch.

Doch sie hatten keine Chance: Senkrecht ragten Felsen auf, bildeten einen Bogen, eine unüberwindliche Wand. Die Mufflons waren in den Steinbruch geraten. In ihrer Aufgeregtheit suchte sich die Gruppe zu teilen, eines der Tiere rannte an der Seite vorbei, hechtete den steilen Hang hinauf, rutschte ab und purzelte herunter. Andere sprangen mit allen vieren in die Luft, reckten die Köpfe dabei hoch, als könnten sie auf diese Art und

Weise herausfinden, wo der Ausgang ist. Wie eine Komposition wirkte das auf mich, eine eigens erdachte Choreografie. Es war ein Bild von bizarrer Anmut. Immer wieder löste sich ein einzelnes Schaf vom Boden, flog in die Höhe, sprang Richtung Felshang, fiel wieder zurück auf die Beine. Dabei gab keines einen Laut von sich. Stumm tanzten sie auf und nieder.

Eilig wandte ich mich ab, empfand nun selbst ein wenig Panik. Sicher hatte allein ich die Tiere in diese verzweifelte Lage gebracht. Hätte ich sie nur nicht gestört! Ich drehte mich um und bahnte mir den Weg durchs Gebüsch zu Franz. Einige Zeit lang hörte ich noch das aufgeregte Rascheln und Trappeln hinter mir, das Brechen von Zweigen. Dann war es plötzlich still. Sie hatten wohl doch einen Ausweg gefunden.

Franz stand ungerührt vor der unteren Hütte und zeichnete einen Plan in seinen Block. »Wie gefällt es dir hier?«, fragte er mich geistesabwesend. Offenbar hatte er nichts von dem Unglück bemerkt. Erschöpft setzte ich mich auf einen Baumstumpf.

»Fantastisch«, sagte er leise zu sich selbst, während er auf seine Skizze starrte. »Eine Lichtung mitten im Wald! Zwei Häuser auf unterschiedlichen Ebenen, dazu Brücken und Treppen ...«

Ich verstand nicht, was er meinte. Wo, um alles in der Welt, war hier eine Lichtung?

»Oberhalb des Steinbruchs setzt sich das Grundstück noch fort«, erzählte er aufgeregt. »Von dort kannst du das ganze Tal überblicken, bis zu den Harzausläufern dehnt es sich aus. Die gesamte Ebene liegt dir zu Füßen.«

»Was war hier eigentlich früher«, fragte ich ihn, »bevor daraus ein Steinbruch geworden ist?«

»Eine Plantage, glaube ich«, sagte er und sah mich nachdenklich an. »In den Hängen kannst du jede Menge alter Walnuss- und Apfelbäume finden. Sie sind verwildert und verholzt, haben in alle möglichen Richtungen ausgetrieben. Damit ist heute nicht mehr viel anzufangen, aber früher wurde hier sicher jede Menge Obst und Nüsse geerntet.«

Mein Blick fiel auf einen Marienkäfer, der mit ausgebreiteten Flügeln auf einem Löwenzahnblatt gelandet war. Automatisch versuchte ich, die Zahl seiner Punkte herauszufinden. So hatte ich es schon als Kind gehalten. Man sagte mir damals, die Anzahl der schwarzen Flecken entspreche dem Alter des Tieres.

Mir kam das Grundstück meiner Eltern in den Sinn, das sie nach dem Umzug von London nach Bonn erworben hatten, um dort ein Haus zu bauen. Es befand sich am Venusberg, in einem ähnlich steilen und undurchdringlichen Gelände wie diesem. Nachdem der Bau fertiggestellt und wir eingezogen waren, galt es, dahinter einen Garten anzulegen. Meine Eltern ließen das Land roden, säten Gras aus und banden uns Kindern Bretter unter die Schuhe. Wir sollten die Samen in die Erde treten, damit sie nicht von den Vögeln gefressen wurden. Ich musste lachen. Was für ein Anblick! Fünf Kinder mit Holzbrettern unter den Füßen, die gehorsam auf der Erde herumtrampelten. Was mussten die Nachbarn von uns gedacht haben?

Meine Stimmung besserte sich, die Kräfte kehrten zurück, und ich malte mir aus, dass Franz eine Rasenfläche auf seinem Grundstück anlegen würde mit wildem Flieder, einen Teich mit weißen Seerosen im Schatten dunkler Tannen. Vielleicht ließen sich ein paar von den alten Nussbäumen rekultivieren. Walnüsse waren schließlich sehr nahrhaft. Irgendwo hatte ich gelesen, sie würden das Denkvermögen fördern. Damit müsste eigentlich Geld zu verdienen sein, dachte ich.

Franz klappte den Block wieder zu, verstaute ihn samt Stift im Rucksack und begann, unter Zuhilfenahme seiner Hände, zwischen den beiden Hütten den steilen Berg hinaufzuklettern. »Komm, ich zeige dir die zweite Etage.« Vorbei an einer riesengroßen Tanne, die den Hang krönte, ging es durch dichtes Unterholz senkrecht hinauf. Erhitzt und außer Atem, erreichten wir einige Minuten später die Ebene oberhalb des Steinbruchs.

Dick bemoost war hier die Erde, ein Eichenhain erstreckte sich über das Plateau, ehemals Weideland für Mastschweine. Leise knacksten Zweige und Eicheln unter meinen Schuhen. Sie steckten überall im samtweichen Moos und setzten hellbraune Lichtpunkte ins matte Grün. Am liebsten hätte ich mich hineingelegt, die Arme hinter dem Kopf verschränkt und den Himmel betrachtet.

»Gibt es eigentlich einen Wasseranschluss auf diesem Grundstück?«, fragte ich Franz, der vor mir herlief. Er schüttelte den Kopf. »Kein Wasser und auch keine Elektrizität«, lachte er. Ich wunderte mich. Wie wollte er unter solchen Bedingungen einen Garten anlegen, Blumen wässern, den Rasen mähen? Mein Mut ließ wieder nach.

Am Rand des Eichenhains angekommen, bewunderten wir die Aussicht. Noch waren die Bäume winterlich kahl und schenkten uns freie Sicht ins Land. Die Häuser und Straßen sahen von hier oben lächerlich klein aus, die Tiere wie Ameisen. Felder und Wiesen wirkten, als seien sie Farbflächen, die mit kräftigen Pinselstrichen auf festen Karton aufgemalt worden waren. Autos, Traktoren und Mopeds schienen wie an feinen Schnüren überland gezogen zu werden. Von hier oben war kein Laut zu hören. Der Lärm der Motoren drang nicht bis hinauf in den Wald.

Den Großteil der Fläche nahm ein Stausee ein, er bildete eine einzige makellose Oberfläche, einem riesengroßen Spiegel gleich lag er mitten im Ackerbraun. Weite Teile des Ufers waren von Schilf umgeben, Weidenbäume bestimmten den übrigen Rand des Wassers, sumpfige Wiesen und Moore. Im Osten befand sich die Staumauer aus grauem Beton, hoch ragte sie auf. Am südlichen Ufer wurde gecampt. Auch Kleingärten und Ferienhütten waren dort zu sehen. Trotz der kühlen Jahreszeit standen Wohnmobile auf dem Platz, hatten sich Zelter eingefunden. Ein Sandstrand mit Volleyballnetz, eine Wiese, ein Kinderspiel- und ein Grillplatz rundeten die Anlage ab.

»Was hat es mit diesem See auf sich«, fragte ich Franz, doch er zuckte nur mit den Achseln.

»Es muss eine Art Sammelbecken sein«, sagte er, »ein Speicher für die Landwirte und Gärtner dieser Umgebung.«

Wie unendlich viele Liter Wasser dieser Stausee barg. Das könnten wir hier oben gut gebrauchen.

»Wenn du mehr darüber wissen willst, musst du dir das gelegentlich näher anschauen. Am östlichen Ufer steht eine Schautafel, auf der die Baugeschichte detailgetreu aufgeschrieben steht. Der Staudamm ist ein richtiges Wunderwerk, mit Turbinen und Rohren, Ab- und Zuflüssen, überdimensional großen Schließmechanismen. Er wurde ausdrücklich für diesen Standort konzipiert. Trotzdem ging irgendetwas schief. Nach der Inbetriebnahme war eines Morgens plötzlich das ganze Wasser weg. Es war abgeflossen, keiner wusste, wohin. Es muss irgendwelche unterirdische Höhlen geben, die das Wasser aufgenommen haben. Einige wenige Ingenieure, die bei dem Bau dabei gewesen waren, hatten das vorausgesehen, doch keiner hatte sie ernst genommen. Alles ziemlich rätselhaft, doch inzwischen längst Geschichte. Wie man sehen kann, ist das Becken derzeit gut gefüllt.«

Kapitel III

Zwei Hütten im Wald

In den nächsten Monaten ging alles unheimlich schnell. Nachdem Franz die Eigentümer des Grundstücks ausfindig gemacht und das Land erworben hatte, heuerte er Handwerker an. Der erste kam mit schwerem Gerät und rodete das Gelände. Mehrfach fuhr er mit seinem Schaufelbagger vor der unteren Hütte hin und her, riss Büsche und kleinere Bäume aus und schob die Erde, die darunter zum Vorschein gekommen war, so lange vor sich her, bis eine mehr oder weniger egale Ebene entstanden war. Etwas höher legte er eine zweite Ebene an. Franz befestigte sie später mithilfe einer Steinmauer.

Auch die Einfahrt fasste der Baggerfahrer breiter, so dass sich das Grundstück betreten ließ, ohne dass man sich durch dichtes Gebüsch und ein Meer aus Brennnesseln schlängeln musste. Allein an dem Hohlweg mit seinem starken Gefälle konnte er nichts ändern. Die Möglichkeit, mit gewöhnlichem Pkw von der Straße her bis nach oben zu gelangen, schien aussichtslos.

»Warum hast du das Grundstück gekauft?«, fragte ich Franz zwischendurch.

»Ich wollte etwas Eigenes haben«, erwiderte er, »ein Stück Land, das ich selbst gestalten kann, ohne dass sich jemand einmischt.« Ich fühlte mich ausgeschlossen. Warum hatte er mich im Vorfeld überhaupt nach meiner Meinung gefragt? Sie war ihm offensichtlich gleichgültig gewesen. Ich war gegen das Vorhaben gewesen, sah keinen Sinn darin und hatte das auf der Rückfahrt von unserer Erkundungsreise deutlich formuliert. Kein Wasser, kein Strom und zweieinhalb Stunden Fahrtzeit von Berlin entfernt – für solch eine Anschaffung hielt ich weder finanzielle noch physische Ressourcen bereit! Dazu die Abgeschiedenheit und Einsamkeit. Franz hatte die Idee dennoch realisiert. Jetzt musste ich mich damit arrangieren und einen Weg finden, damit zurechtzukommen. Den Groll darüber trug ich jahrelang mit mir herum.

Nach dem Baggerfahrer rückten Zimmerleute an, zwei kräftige Studenten aus der nächstgelegenen Universitätsstadt, die Landschaftsbau studierten und zuvor eine handwerkliche Lehre absolviert hatten. Gleich nach dem ersten Kennenlernen war klar, dass sie sich mit Bestandssicherung bestens auskannten. Flachsblond gebürstet und das Kreuz schrankbreit, standen sie gut gelaunt in der warmen Frühlingssonne, trugen schwere Hosen aus schwarzem Cord,

breite Hosenträger und feste Arbeitsstiefel. Franz zeigte ihnen selbstbewusst die Zeichnungen, die er angefertigt und das Material, das er besorgt hatte, beschrieb mit rudernden Armbewegungen seine Ideen. Die beiden jungen Männer verstanden die Pläne auf Anhieb und machten sich an die Vorbereitungen.

Ein weiterer Hinweis darauf, wie gut sich die beiden mit ihrem Handwerk auskannten, war der Kasten Bier, den sie ungefragt mitgebracht hatten. Sie bezeichneten den Inhalt als unverzichtbare Quelle ihrer Kraft. Und damit nicht genug: Bevor auch nur ein Schlag getan war, zogen sie einmal kreuz und quer über das Gelände und suchten einträchtig nach einem passenden Lagerort. Eiskalt sollten die Flaschen stehen, das Bier sich um Himmels willen nicht erwärmen.

Kurze Zeit später wurden sie fündig, als sie in der Nähe des Steinbruchs eine tiefe Felsspalte entdeckten. Wortlos wies einer der beiden dorthin, schob der andere mit den Schuhen das Laub beiseite, und gemeinsam versenkten sie den Kasten in der Tiefe. Anschließend betrachteten sie zufrieden ihr Werk. Dann zogen sie drei Flaschen heraus, reichten dem neuen Großgrundbesitzer eine, der griff zu, und einträchtig lösten sie mit dumpfem Knall die Kronkorken. Dann prosteten sich alle drei schweigend zu und nahmen einen tiefen Schluck. Jetzt konnte die Arbeit beginnen.

Metertief trieben die jungen Männer breite Stützen in den felsigen Boden, richteten die tragenden Balken daran auf, zogen Decken und Wände ein, verschlossen die Zwischenräume mit Dämmmaterial. Das lief so prompt und fröhlich vor sich hin, dass die eine der beiden Hütten schon nach wenigen Tagen wieder als solche erkennbar war. Franz stellte ein Hochbett auf, ersetzte die kaputten Fenster. Zwei Scheiben fügte er so zusammen, dass sie eine Ecke des Gebäudes formten. Dadurch wurde es unmittelbar zum Teil der Umgebung. Selbst wenn man sich drinnen aufhielt, fühlte es sich an, als stünde man wie ein Baum oder Strauch im Wald.

Der zweite Bau stand deutlich höher und lehnte sich darüber hinaus mit einer seiner beiden Längsseiten unmerklich an den Berg an. Auch darauf wussten die beiden Studenten geschickt zu reagieren. Während die Wände rundum erneuert wurden, ließen die Männer die Stützen darunter bis auf zwei Seiten frei. Dadurch entstand hier ein trockener Unterstand für Brennholz, die Schubkarre oder Gartengeräte. Das war überaus praktisch.

Um sich eine Treppe zu ersparen, sägte Franz kurzerhand auf Höhe der oberen Etage ein Loch in die Hüttenwand, setzte eine Tür ein und verband sie mit Hilfe einer Planke mit dem Felsen. Über den schwankenden Boden galt es, einen schmalen, senkrecht abfallenden Spalt zu überwinden, was unheimlich war, doch dank dieser Brücke ließ sich die Hütte direkt vom Wald aus erreichen. Drinnen angekommen, befand man sich plötzlich sechs Meter über dem Boden und blickte wie ein Kapitän aus seiner Schiffkajüte über ein Meer von grünen Pflanzen.

Nachdem der Bagger fort und die erste Hütte wiedererrichtet worden war, säte Franz auf den beiden neu entstandenen Ebenen Grassamen aus. Rasch spross das erste Grün, und tatsächlich konnte man allmählich das erkennen, was er von Anfang an gesehen hatte: eine Lichtung. Am Rande dieser Fläche fanden die Rhododendren ihren Platz, die Franz im Gartencenter gefunden hatte. Ihm war das alles klar gewesen, als er mir das Grundstück zum ersten Mal zeigte. Ich war beeindruckt von seiner Weitsicht. Nichtdestotrotz hätte ich diesen Plan gerne im Vorfeld gekannt oder an seiner Entwicklung teilgehabt.

Auch bei der Einrichtung hatte Franz eigene Vorstellungen, die er entschlossen umsetzte, nachdem die Hütten gesichert waren. Die unteren Räumlichkeiten sollten ein wenig wohnlicher wirken. Dort stellte er einen runden Esstisch mit einer Bank und zwei Stühlen auf. Auch einen Schrank, in dem oben Bettwäsche und Vorräte untergebracht wurden, unten Brettspiele und Malsachen für die Kinder. Er hatte ihn aus zweiter Hand im Internet erstanden. Hinzu kamen ein Ausziehsofa und ein grob gewebter Teppich, damit im Winter keiner mit nackten Füßen über den rauen Holzboden laufen musste.

Zwischen den Balken, die nicht verkleidet worden waren und den Raum dominierten, zog Franz schmale Regalbretter ein, auf denen Bücher oder Geschirr Platz fanden. In die Ecke hinter der Eingangstür montierte er eine Garderobe, hämmerte darunter eine breite Ablage für Schuhe und Stiefel. Wenn ich eigene Vorschläge vorbrachte, reagierte er nicht darauf, sagte nicht, was er davon hielt. Er wusste im Vorfeld, wie das Leben auf einem Grundstück im Wald auszusehen hatte oder hatte zumindest eine klare Idee davon. Ich kannte sie nicht und gab daher bald auf, Anregungen vorzubringen oder gar Wünsche zu äußern.

Der Ausbau einer Hütte im Wald war mir fremd, das Verlegen von Leitungen oder Holzfußböden unbekannt. Ich war mit meiner ursprünglichen Familie häufig umgezogen, mein Vater war Diplomat gewesen, aber die Häuser, die wir bewohnten, waren fertig ausgestattet. Meine Eltern wären nicht im Traum auf die Idee gekommen, selbst Hand anzulegen. Dafür waren ihrer Ansicht nach Handwerker zuständig, Schreiner, Klempner oder Elektriker, nicht zuletzt der Vermieter oder die Hausverwaltung, die schließlich dafür bezahlt wurden. Es war nicht ihre Aufgabe.

Die obere Hütte machte Franz zu Atelier und Malwerkstatt. Ein langer Tisch stand unter dem Fenster, dreibeinige Schemel luden zum Sitzen ein. Hier saß er und zeichnete. Wenn er den Blick hob, konnte er ins Grüne sehen, die Vögel in den Bäumen beobachten oder die rot-weiße Katze vom Nachbarn, die regelmäßig auftauchte und über seine Latifundien strich. Der Wald inspirierte ihn und fand in tausenderlei Varianten Eingang in seine Illustrationen und Bilder.

Auch in diesen Raum zog bald ein Klappsofa ein, auf dem man sowohl sitzen als auch schlafen konnte. Franz wollte in der Lage sein, Freunde willkommen zu heißen und sie zu beherbergen. In die Balken hämmerte er Nägel, an die er seinen Kittel hängte, Handtücher, die er zum Trocknen der Pinsel brauchte, einen Regenschutz oder seinen Hut. In einem Schränkchen bunkerte er die Liköre und Schnäpse, die er zur Arbeit trank – Geschenke von Bekannten, die um diese Leidenschaft wussten.

Hier oben war er gänzlich ungestört, es war sein eigenes Reich, und er konnte nach Herzenslust bis spät in die Nacht zeichnen und malen, dazu die Lautsprecher aufdrehen und so laut Musik hören, wie er nur wollte. Es gab keine Nachbarn, die sich darüber mokierten, wie in der Stadt, in der die Menschen dicht beisammen wohnen. Keiner schränkte ihn in seiner Freiheit ein.

Kapitel IV

Für jedes Kind ein Baum

So begann mein neues Leben, ob ich es wollte oder nicht. An langen Wochenenden wie rund um den ersten Mai, Himmelfahrt und Pfingsten, in den Oster- oder Herbstferien galt es, in Berlin alle Siebensachen zu packen, ins Auto zu steigen und mit Franz und den Kindern zum Kyffhäuser zu fahren. Die Vorbereitungen begannen bereits im Vorfeld. Ich musste Geburtstage und Sportwettkämpfe absagen, zu denen die Kinder eingeladen worden waren, die Sachen bereithalten, die im Wald benötigt wurden, Wäsche und Handtücher, Lieblingsbücher und Stofftiere. Es war genau, wie ich befürchtet hatte: Ich musste meinen Alltag und das Berufsleben komplett auf das neue Projekt ausrichten, auf den Aufenthalt an einem Ort, den ich nicht ausgesucht, nein, den ich abgewählt hatte.

Die Fahrt dauerte lang und bot wenig Abwechslung. Allein, bis wir aus der Stadt hinausgekommen waren, verging mindestens eine halbe Stunde. Was dann folgte, war eine öde Autobahnstrecke, immer geradeaus, rechts oder links keinerlei Besonderheiten. Anna wurde unterwegs leicht übel und brauchte daher gesonderte Zuwendung. Ich bemühte mich, ihr beizustehen, sie abzulenken oder ihr gut zuzureden, doch angenehm war die Autofahrt für sie nicht. Zweieinhalb Stunden sind eine lange Zeit, wenn man sich unwohl fühlt.

Nach einer guten Stunde näherten wir uns der Elbe und überquerten den mächtigen Strom, doch leider war davon nichts zu erkennen. Entweder schränkten die Seitengeländer die Aussicht ein oder ein Laster versperrte den Blick. Ich erzählte den Kindern von dem langen Fluss, der im fernen Riesengebirge entsprang und bis in die Nordsee führte, vorbei an wundersamen Metropolen wie Dresden, Magdeburg und Hamburg. Gerne hätte ich ihnen die Elbe von Nahem gezeigt oder wenigstens die dazugehörigen Städte.

Später zuckelten wir über die schmucklose Stadtautobahn durch die Randbezirke einer mittelgroßen Kreisstadt, auch das ein Teil der Reise. Wohnblöcke und Einkaufsmärkte reihten sich entlang der Strecke. Wir spielten »Ich sehe was, was du nicht siehst« oder »Teekesselchen«, hörten CDs und Kassetten. Auch Essen war willkommene Abwechslung, oder ein Getränk, doch davon bloß nicht zu viel, sonst galt es bald darauf anzuhalten. Dadurch wurde die Fahrt noch mehr in die Länge gezogen.

Waren wir endlich am Kyffhäuser angelangt, mussten wir uns erst einmal dehnen und strecken, derart steif waren wir nach dem langen Sitzen geworden. Dann ging es hinaus ins Freie. Eilig zogen die Kinder sich ihre Jacken über und schlüpften in Gummistiefel. Nach dem Aufenthalt im gewärmten Wagen war es draußen auf einmal empfindlich kalt. Wie üblich liefen wir beladen mit Sack und Pack den Berg hinauf. Ich trug einen schweren Rucksack und hängte mir die zusätzlich notwendige Tasche über die Schulter, um beide Hände frei zu behalten, falls Anna oder Anton plötzlich meine Hilfe benötigten. Tapfer stapften sie vor mir her.

Oben angekommen, stakten die Kinder neugierig über die Wiese, suchten herauszufinden, was sich alles verändert hatte. Nachdem Franz die Hütte aufgesperrt hatte, kletterten sie nacheinander über die zwei Stufen in den Innenraum hinein. Drinnen war es kühl und roch nach abgestandenem Rauch. Die ungewohnte Umgebung wirkte ungemütlich. Nach und nach befüllte ich das Zimmer mit den vertrauten Sachen, die ich mitgebracht hatte, bezog die Betten, richteten die Kinder sich häuslich ein. Irgendwann warf sich Anton mit seinem Schlaftier im Arm auf das Ausziehsofa und blieb einen Moment lang liegen. Dann wusste ich, dass er auch innerlich angekommen war.

Franz verschwand meist bald in die obere Hütte und zeichnete. Darüber hinaus widmete er sich seinem Garten. Er legte Hochbeete an und baute Steintreppen, pflanzte Eiben, Tannen und eine Rotbuche. Trotz der beiden Wiesenflächen, auf die ungehindert die Sonne scheinen konnte, blieben naturgemäß viele Bäume vorhanden. Das Stückchen Land befand sich schließlich mitten im Wald. Ich nannte es einen Schattengarten, und es blieb dabei.

Jedes Mal gab es Neuheiten, an die ich mich erst gewöhnen musste. Einmal waren es grobe Holzbänke, die Franz hatte schreinern lassen oder ein Kühlschrank, der aufgestellt und angeschlossen werden musste. Nicht zuletzt erhielten beide Hütten je einen eisernen Ofen. Auf dem Exemplar, das die untere Hütte zierte, konnte man mit einigem Geschick sogar kochen.

Die Kinder spielten brav mit. Sie freuten sich über das Wiedersehen mit ihren Fundsachen, dem Stock, den Anna beim letzten Mal im Wald aufgesammelt, um sich damit den Weg freizuschlagen, oder den farbigen Blättern, die Anton gefunden hatte. Anna hatte den Stock anschließend mühevoll glattgeraspelt, damit er hübscher aussah, Anton die Blätter zwischen zwei Bogen Papier gelegt und gepresst. Auf einem der Regale hatten sie sich ein Naturkundemuseum eingerichtet. Dort lag die Igelhaut, die Franz im Wald gefunden und ein seltsam geformter Baumpilz, den er für die Kinder von der Rinde gelöst hatte. Anton verwahrte dort Vogelfedern und Eicheln, Anna ein Stück besonders weiches Moos. Still und unauffällig lag es in der Ecke, braune Halme ragten aus dem Dunkelgrün. Es waren Annas Ansicht nach Zwerge, die in die Waldschule gingen.

Ich packte die Lebensmittel aus und räumte sie in die Schränke, wechselte die Stadtkleidung gegen abgetragene Hosen und Pullover und zog mit den Kindern ins Freie. Wir erfanden Spiele und Rituale, versuchten uns mit der Umgebung in Einklang zu bringen. Abgelegen, wie das Grundstück war, blieben wir tagelang ungestört und konnten die wildesten Abenteuer unternehmen. Niemals kam auch nur ein einziger Mensch bei uns zufällig vorbei.

Anna und Anton entdeckten für sie bedeutsame Stellen und gaben ihnen Namen. Sie nannten sie *Birkenhain* und *Eichenplatz*, *Grenzpfad* und *Dornenhecke*, *Alter Steinbruch* oder *Moosrand*, *Jägersteig*, *Mittlerer Weg*, *Unterer Weg* oder *Unter den Bergen*. Wir erfanden Touren durch den Wald, zeichneten Karten und Pläne davon, wollten das Gelände erkunden, verstehen lernen und uns sukzessive zu eigen machen.

Franz widmete jedem der Kinder ein schmales Tal, das sich zwischen den Felsen auf dem Grundstück befand und benannte es nach ihren Vornamen. In das eine pflanzte er für Anton einen Apfel- in das andere für Anna einen Birnbaum und zeigte ihnen, wie sie die Bäume gießen mussten, damit sie rasch wuchsen. Ich beobachtete das mit Unbehagen, denn ich spürte, dass er langfristige Verbindungen zu diesem Ort knüpfte. Bis die Bäume ausgewachsen waren, würde viel Zeit vergehen, Zeit, die wir gemeinsam in diesem Wald zubringen mussten. Das war ganz offensichtlich sein Plan.

Ohne sich im Vorfeld darüber mit mir auszutauschen, stellte er eine Beziehung her, die aus einem Kinderherz nicht leicht zu entfernen war. Wie wollte ich Anna und Anton später erklären, dass ich von diesem Gartenexperiment rein gar nichts gehalten, mich lediglich damit arrangiert hatte?

Die Tage auf dem Grundstück verbrachten die Kinder und ich überwiegend im Freien, was für uns Stadtmenschen eine eigene Anstrengung war. Hier in der freien Natur war ich wesentlich abhängiger von den jeweiligen Witterungsbedingungen, musste mich danach richten, wie kalt oder warm es draußen war, die Kinder umgehend ins Trockene retten, wenn es zu regnen anfing. Ich fühlte mich ausgeliefert und verloren, wusste manchmal nicht, wie ich die Zeit herumbringen sollte.

Nun gut, es gab auch Spiele, denen man sich innerhalb der Hütte widmen konnte, »Mensch ärgere dich nicht« oder »Scrabble«, »Mikado« oder ein Puzzle. Wir lasen uns gegenseitig Bücher vor und hörten Märchenkassetten, malten Bilder oder formten Knete, doch leicht wurde ein Aushalten daraus, ein Hinhalten. Bald wirkte der Raum beengend. Draußen lockte endlose Weite, doch wenn es regnete oder kalt war, wurde die Hütte zum Gefängnis, konnte man sie kaum verlassen. Waren die Anziehsachen nass geworden, dauerte es stundenlang, bis sie wieder trocken waren.

Ab Mai kämpfte ich regelmäßig mit Zeckenbefall und Mücken. Kleinste Insektenstiche verwandelten sich in riesengroße, rote Flecken. Bei Zecken droht bekanntermaßen Borreliose. Die Gegenmittel, mit denen wir uns einrieben, Mückenspray oder Japanisches Heilöl, rochen extrem und verklebten die Haut.

Nicht zuletzt fürchtete ich Unfälle und Verletzungen. Was würde passieren, wenn eines der Kinder sich beim Schnitzen in den Finger schnitt, wenn es vom Baum fiel und sich ein Bein brach? Wie lange dauerte es, bis ich mit ihnen beim Arzt wäre? In der Stadt kannte ich sämtliche Krankenhäuser, Arztpraxen und Apotheken im Umkreis von wenigen Kilometern. Außerdem war mir die Hilfe meiner Freunde und Nachbarn gewiss. In dieser abgelegenen Gegend kannte ich niemanden, den ich hätte fragen können. Und wo in diesem menschenleeren Landstrich befand sich überhaupt die nächste Notaufnahme?

Nachts lag ich schlaflos auf dem Hochbett und malte mir aus, wie ich mit meinem schreienden Kind im Dunkeln den hohen Berg hinunterrenne, ins Auto springe und Hals über Kopf zum nächsten Krankenhaus fahre. Denn wie sollte ich dem Diensthabenden am Telefon erklären, wo ich mich befand. »Wie bitte? Wo sind Sie?«, würde es mir entgeistert entgegenschallen »Links oben im Wald? Wo, um alles in der Welt, soll das sein?«

In solchen Schrecksekunden erinnerte ich mich an meine Kindheit in einem Vorort von Bonn, in dem wir untergekommen waren, weil das neu gebaute Haus nicht rechtzeitig bezugsfertig gewesen war. Meine älteren Geschwister hatten einander gehänselt und jagten durchs Haus. Meine Schwester flüchtete sich in den Garten, warf die Verandatür hinter sich zu und lief davon. Wütend warf sich mein Bruder mit ausgestreckten Händen gegen die Scheibe, um die Tür aufzudrücken. Da zersprang das Glas und zerschnitt ihm den Unterarm. Mein Bruder brüllte wie am Spieß, das Blut strömte. In ihrer Not wickelte meine Mutter zwei frische Küchenhandtücher um seinen Arm, versuchte die Wunde zuzudrücken. Aufgebracht rief sie nach dem Kindermädchen, es solle den Druckverband halten, dazu den schreienden Jungen. Inzwischen griff sie nach Tasche und Schlüssel, hastete in den Hof und wendete das Auto, das Kindermädchen mit meinem Bruder hinterher. Eilig fuhren die drei zum Tor hinaus.

Wir restlichen Kinder blieben allein zurück. Die Scheibe zersplittert, die Türe kaputt, dazu die unheimliche Menge an Blut. Schuld waren eindeutig wir. Starr vor Entsetzen saßen wir im Zimmer und warteten, bis die Erwachsenen zurückkehrten. Keiner von uns sprach ein Wort.

Bisweilen nahm ich andere Kinder mit in den Schattengarten, Schulfreunde oder Bekannte aus dem Kiez. Platz im Auto hatten wir. Auch das Hochbett bot hinreichend Raum. Mein Arbeitspensum wuchs durch die Vielzahl der Kinder, doch Anna und Anton hatten mehr Spaß, wenn ihre Freunde dabei waren, und das färbte auf mich ab.

Abends gab es gebratene Würstchen, gegartes Gemüse und Stockbrot am Lagerfeuer. Danach waren alle erschöpft und fielen todmüde ins Bett. Unbekümmert suchten sie sich einen Platz auf dem Hochbett, vergruben sich in die Kissen und Decken und krochen am nächsten Morgen erst spät und noch reichlich verschlafen wieder hervor.

So gingen die Tage ins Land. Irgendwann war die Zeit um, und wir machten uns auf den Rückweg. Sobald der Motor startete, atmete ich auf. Franz fluchte, weil er zurück in die Stadt musste, doch ich verspürte Erleichterung. Während die Kinder in Schule und Hort gingen, konnte ich arbeiten,

Termine vereinbaren, unser gemeinsames Leben organisieren. Außerdem waren meine Freunde nicht weit.

Die Rückfahrt kam mir kürzer vor als die Anreise, die Ankunft in der Stadtwohnung erfüllte mich mit heimatlichen Gefühlen. Endlich war die Welt wieder in Ordnung. Frisch zubereitetes Essen vom Herd und Warmwasser direkt aus der Leitung. Kein Kampf mit der Wildnis. Und endlich nicht mehr diese elenden Mücken.

Kapitel V

Suche nach Wasser

Abgesehen von den Kindern, kam ich mir am Kyffhäuser ziemlich nutzlos vor. Was Umbauten anbetrifft, habe ich, wie gesagt, zwei linke Hände und zum Gärtnern kein Geschick. Gerne besuche ich alte Parkanlagen, die nach den Vorgaben von Meistern wie Peter Joseph Lenné oder Hermann Pückler gestaltet wurden, gehe darin sinnierend auf und ab, genieße Sichtachsen und Pleasureground, doch niemals würde ich dort selbst Hand anlegen. Viel zu groß ist meine Sorge, es könnte dabei etwas kaputtgehen. Gartengestaltung überlasse ich lieber den Fachleuten.

Auch vermag ich Unkraut nicht von Möhrengrün oder Schnittlauch zu unterscheiden, interessiere mich weder für Pflanzensorten noch Schnittregeln, halte Obsternte und die Herstellung von selbstgemachter Marmelade für Zeitverschwendung. Die zunächst erwachte Fantasie von einer Walnussplantage erwies sich im Übrigen als Chimäre. Die alten Nussbäume auf Franz' Grundstück brachten kaum Früchte hervor, und ich hatte keinerlei Muße, neue anzupflanzen.

Nicht zuletzt fehlte es an Wasser. Strom konnten wir bald über einen Nachbarn beziehen, aber Pflanzen müssen gegossen werden, damit sie wachsen, besonders in einer so kargen Gegend wie dieser. Von Trinkwasser gar nicht zu reden.

Franz kaufte Fünf- und Zehnliter-Kanister, befüllte sie in Berlin mit Leitungswasser, und dann fuhren wir das kostbare Gut mit dem Auto in den Kyffhäuser. Dort angekommen, galt es, sie einzeln den Berg hinaufzutragen. Unvorstellbar, wie schwer Wasser wiegt! Wie oft habe ich einen solchen Kanister die steile Zufahrt hochgeschleppt? Erst hob ich die Last auf die rechte Schulter, dann auf die linke, trug sie schließlich mit beiden Armen vor der Brust, inzwischen schon zu Tode erschöpft. Dabei achtete ich wie eine Blinde auf mögliche Stolperfallen vor meinen Füßen, denn der Kanister war so groß, dass ich den Weg nicht mehr sehen konnte.

Über die erste Gabelung kam ich leicht hinaus, doch dann begann das Gefälle. Steil ging es den rutschigen Hohlweg hinauf. Spätestens nach der Hälfte der Strecke musste ich dringend pausieren. Erledigt und außer Atem sank ich auf einen der Baumstämme, die parallel zur Wegstrecke lagen. Und gleichgültig zu welcher Jahreszeit das geschah – ich schwitzte wie ein Tier, stank wie ein Moschusochse. Wie tief war ich gesunken? Mit Sissinghurst hatte das wahrlich nichts zu tun.

Nach kurzem Aufenthalt ging es weiter, nun schon wesentlich langsamer, denn der Weg führte noch steiler bergan. Oft musste ich eine weitere Pause einlegen und abwarten, bis ich wieder bei Kräften war. Dabei befand die untere Hütte sich bereits in Sichtweite. Der Kanister war einfach zu schwer. Eine elende Plackerei!

Später kauften wir einen Bollerwagen, luden die Behälter darauf und brachten sie auf diesem Weg nach oben, doch leichter fiel das keineswegs. Mit Rattern und Holpern ging es nun bergauf, an jedem Stein, jeder Wurzel blieben die Räder hängen, mussten gewaltsam hinübergezerrt werden. Die Last war einfach zu schwer, die Strecke überaus lang.

Immerhin konnten mir die Kinder helfen, eines zog vorne, das andere schob den Wagen von hinten an. Ich half den beiden abwechselnd. So kamen wir voran. Ich hatte kein gutes Gefühl dabei, wollte die Kleinen nicht für mich arbeiten lassen. Wie konnte man schließlich so dämlich sein, ein Waldgrundstück auf der Spitze eines Berges zu erwerben, dazu ohne einen Wasseranschluss? Später würden sie mir Vorwürfe machen, und das zu Recht!

Zunächst jedoch nahmen sie fröhlich Anteil, schoben und zogen den Wagen über den felsigen Untergrund und zerrten den schweren Kanister, oben angekommen, auf die Holzbank vor der Hütte.

Eilig schraubten sie den kleinen Kunststoffhahn auf, der sich an dem Behälter befand, füllten sich einen Becher ab und nahmen einen tiefen Schluck. Wasser so kostbar wie flüssiges Gold.

Wir lernten Trinkwasser zu schätzen, bemühten uns, es sparsam zu verwenden. Ähnlich wie die Kinder nahm ich mit Erstaunen zur Kenntnis, wie wenig der Mensch davon eigentlich pro Tag benötigt. Und dennoch – Wasser blieb unsere größte Sorge, unser ständiges Anliegen, ein dauerhaftes Gesprächsthema. Woher könnte man es bekommen? Wie ließe es sich gewinnen? Gab es auf dem Grundstück vielleicht eine unbekannte Quelle, eine unterirdische Wasserader? Auch Franz beschäftigte sich inzwischen ausführlich damit.

Rasch hatten wir herausgefunden, dass es in dem kalkhaltigen Kyffhäuser-Gebirge Einschlüsse gab, unterirdische Seen, entdeckt von Geologen, die in den Berg hineingeklettert waren. Die Barbarossa-Höhle bei Rottleben war Fundort einer solchen Partie gewesen. Auch das Wasser aus dem Stausee hatte sich in solch einem Einschluss unter der Erde gesammelt, bis es plötzlich ausgelaufen war. Die Hoffnung, ein solches unterirdisches Reservoir zu entdecken, ließ mich nicht mehr los.

Mein Großvater väterlicherseits war Wünschelrutengänger gewesen. Wann immer meine Eltern mit meinen Geschwistern und mir umgezogen waren, nach London, Bonn oder Brüssel, besuchte er uns in unserer neuen Bleibe und überprüfte das Gelände nach Wasseradern. Zu diesem Zweck hielt er feierlich mit beiden Händen eine V-förmige Rute vor seinen Bauch. Meist hatte er sie mit seinem Taschenmesser frisch vom nächstbesten Haselnussstrauch geschnitten, sie sich in aller Seelenruhe zurechtgeschnitzt. Leise murmelnd lief er ihr nun hinterher, spürte der Spannung nach, die er darin vernahm. Und siehe da, früher oder später senkte sich die Spitze. Wie von magischer Anziehungskraft wurde sie plötzlich nach unten gezogen und wies jetzt Richtung Boden. Für meinen Großvater war das keine Überraschung: »Hier verläuft die Ader«, rief er dann glücklich aus, »hier fließt sie entlang«. Er blieb abrupt stehen, nahm die Rute in die Linke und wies mit der Rechten in eine unbestimmte Richtung, schnitt mit der Handkante eine klare Linie quer durch die Luft und behauptete, hier, genau an dieser Stelle, spüre er eindeutig Magnetismus. Das könne nur fließendes Wasser sein.

Sklavisch wie Jünger folgten wir seiner Behauptung, liefen hinauf in unsere Schlafzimmer und verschoben unsere Betten. Denn mein Großvater war der felsenfesten Überzeugung, der Mensch könne nachts nicht zur Ruhe kommen, wenn er über einer Wasserader schlafe. Meine Mutter folgte der Wahrheit ihres Schwiegervaters. Aus ihrer Kindheit im Allgäu waren ihr solche Theorien wohl vertraut. Eilfertig half sie uns, die Betten umzustellen, richtete unsere anderen Möbel, Nachtkastl, Schreibtisch und Bücherregal, danach aus und räumte auch das eigene Eheschlafzimmer entsprechend um. Stolz lächelnd sah ihr mein Großvater dabei zu.

Leider habe ich das Gehen mit der Wünschelrute nie gelernt. Das bedaure ich sehr. Dabei hat mein Großvater ein seitenlanges Traktat über seine Erfahrungen mit den magnetischen Strömungen hinterlassen: »Was mir die Wünschelrute erzählte.« Ich habe es aufmerksam studiert und von vorne bis hinten durchgelesen. Seinen Beobachtungen nach reagierten sogar Bäume auf magnetische Strömungen. Sie trugen Beulen oder Ausbuchtungen an Stamm und Rinde, eindeutiger Hinweis, wie mein Großvater schrieb, dass unter ihren Wurzeln eine Wasserader verlief. Prominenter noch waren diese Zeichen, wenn sich dort zwei Adern kreuzten, denn naheliegenderweise richteten sich magnetische Strömungen nach den vier Polen aus, verliefen also von Nord nach Süd oder von Ost nach West und querten einander an manchen Stellen. So fanden sich in den Aufzeichnung meines Großvaters Abkürzungen wie NOSW oder WONS, ein Versuch, seine Erkenntnisse mithilfe von Buchstabenfolgen festzuhalten. Die Akronyme standen für die vier Himmelsrichtungen.

Mein armer Großvater mit seiner blassen Haut und dem verlegenen Lächeln, studierter Jurist und preußischer Landrat. Ergebnislos versuchte er während der NS-Zeit gegen das Regime aufzubegehren, musste mit seiner Familie nach dem Zweiten Weltkrieg fliehen und verarmte jäh. Hinzu kam der plötzliche Tod meiner Großmutter. Seine Versuche, die Welt zu begreifen, rühren mich unendlich. Geboren und aufgewachsen war er in Pförten, heute Brody, der sogenannten »Perle der Niederlausitz«, einem überdimensionalen Schloss mit Park, Kavaliershäusern und Orangerie, feinsten Gartenarchitekturen und Skulpturen, erworben durch die Brühls im 18. Jahrhundert. Der Park lag an einem See, auf dem die Jugend mit dem Ruderboot vom sonnengewärmten Holzsteg hinüber zur Liebesinsel paddelte und schwimmen ging. Jeden Baum in dieser heimatlichen Parkanlage von Johann Christoph Knöffel kannte mein Großvater mit Namen, jeden Busch und jede Anpflanzung wusste er zu benennen, alle Wege und Sichtachsen nachzuzeichnen. Auch das ist in seinen Aufzeichnungen festgehalten. Er zeigte sich beeindruckt, welche Pracht die Gartenkünstler von Pförten dem sandigen Grund hatten entlocken können, wie reichhaltig seine Gestaltung war.

Schade, dass er nicht mehr lebt. Ich hätte seine Theorie lieber von ihm persönlich erfahren, denn irgendetwas Wahres wird daran schon sein. Zwar ist inzwischen bekannt, dass Hinweise wie »Buchen sollst du suchen!« oder »Eichen musst du weichen!« nicht zutreffen, doch derlei Weisheiten entsprechen genauso dem urmenschlichen Verlangen, Muster zu erkennen und Zusammenhänge herzustellen, sprich, die Welt zu begreifen.

Auch eine Wasserader zu entdecken, ist mir leider Gottes nie gelungen. Dabei habe ich mich redlich darum bemüht: Leise murmelnd trug ich eine Astgabel vor mir her, schritt mit halb geschlossenen Augen das Grundstück ab, konzentrierte mich ganz auf mein inneres Ich. Gleichzeitig schielte ich gespannt auf die magische Astspitze, versuchte mich mit ihr zu verbinden. Doch ganz und gar vergeblich. An keiner Stelle, nirgends, senkte sich die Rute zu Boden.

Kapitel VI

Wasser vom Dach

Während ich in Erinnerungen an meinen Großvater schwelgte, erwies sich Franz als Mann der Tat. Mithilfe einer Regenrinne begann er, Wasser vom Hüttendach zu sammeln und leitete es in eine Tonne, die auf halber Höhe an die rückwärtige Hüttenwand montiert wurde. Von dort führte er es durch eiserne Rohre in den Innenraum, wo es sich per Wasserhahn und Waschbecken regulieren ließ. So konnten wir uns in der Hütte waschen, mussten dafür nicht vor die Tür gehen und Schüssel und Schöpfeimer zu Hilfe nehmen. Auch das Geschirr ließ sich jetzt auf diese Art und Weise spülen.

Zusätzlich zur Wassertonne hinter der unteren Hütte legte Franz ein Boden-Reservoir an, schachtete dafür viele Tage lang einen sargähnlichen Kasten aus, stabilisierte die Wände und kleidete sie mit schwarzen Teichfolie aus. Damit das Wasser, das sich dort dank der Tonne sammelte, nicht verdunstete, montierte er außerdem einen schweren Deckel obendrauf. Damit ließ der Speicher sich lückenlos verschließen. Man hätte hier mühelos eine Leiche verstecken können.

Um das Wasser sauberzuhalten, musste Franz den Zulauf mit einem Filter versehen. Das war ein überaus mühsames Unterfangen, denn es galt, das dafür geeignete Material zu finden. Stundenlang telefonierte er dazu mit seinem älteren Bruder, holte sich von ihm Rat und Beistand. Da sein Mobiltelefon im Wald nicht überall den besten Empfang hatte, arteten diese Gespräche meist in Gebrüll aus, denn Franz glaubte, der Bruder verstünde ihn besser, wenn er möglichst laut mit ihm sprach. Seine Stimme hallte durch den ganzen Wald. Reichte die Lautstärke nicht aus, in der die Unterhaltung geführt wurde, rannte Franz während des Telefonats über die steilen Steinstufen zum Eichenhain hinauf. Er nahm an, der Empfang sei dort oben besser.

Das Ausschachten des Bodens und Verdichten der Wände, die Absicherung, die verhinderte, dass das mühevoll gesammelte Nass versickerte, waren Schwerstarbeit, die Rohre und Anschlüsse zu verlegen mühsame Tüftelei, aber nach vielen Tagen und aufwändigem Hin und Her war es vollbracht, und Franz führte einen Freudentanz auf. Seine Recherchen hatten geholfen, das Experiment war geglückt. Endlich gab es auf dem Grundstück fließendes Wasser.

Für die obere Hütte legte Franz dort, wo das Regenrohr endete, eine offene Zisterne an, ein rechteckiges Becken, das dem Trog ähnelte, den man bisweilen auf Bergwanderungen entdeckt. Dort dient er dem Tränken von Almkühen.

Für den Bau der Zisterne verwendete Franz ausschließlich Felsen aus dem Steinbruch, die sich – waren sie erst einmal bemoost und die Farne, die sich am Rand befanden, hoch genug gewachsen – lückenlos in die Landschaft einfügten. Obwohl künstlich errichtet und ähnlich mit schwarzer Folie ausgekleidet wie der Erdspeicher hinter der unteren Hütte, fügte sich das Bauwerk harmonisch in die natürliche Umgebung. Schon nach wenigen Regenfällen war es randvoll gefüllt und ließ sich leicht zwecks Gießen der Pflanzen mit Eimer oder Kanne abschöpfen. Anhand der Höhe der Wasseroberfläche war überdies abzulesen, wie viel Niederschlag gefallen war, selbst dann, wenn niemand im Schattengarten anwesend war.

Mit der Zeit lernte ich diese Zisterne zu schätzen. Sie erinnerte mich an einen Brunnen in der Toskana, der auf seinem dunklen Grund tiefe Geheimnisse barg und sie nur leise flüsternd preiszugeben bereit war. Gerne wusch ich mich hier morgens, während die anderen noch schliefen, tauchte beide Arme tief in das eisige Wasser und schüttete einen Schwall davon über mein Gesicht, die Schultern

und den Oberkörper. Gleich danach hüllte ich mich in ein großes Handtuch, rieb mich eilig ab und zog mir meine Kleider an. Allein die Vögel, die ich in den Bäumen zwitschern und singen hörte, sahen mir dabei zu.

Kapitel VII

Raunächte mit Mäusen

Mit dem geschlossenen Leitungssystem entstanden neue Sorgen: Sanken die Temperaturen unter null Grad, gefror das Wasser, und die Rohre platzten. Bei unerwartet zunehmender Wärme schmolz das Eis wieder, und konnte – zur Flüssigkeit geworden – ungehindert durch die Bruchstellen in die Hütte rauschen. Lebhaft malte sich Franz das drohende Unglück aus und wälzte sich nachts schlaflos im Bett. Auch mir gefiel die Vorstellung nicht, das gemütliche Ausziehsofa in der unteren Hütte oder der Teppich könnten geflutet werden, knietief Wasser in der Hütte stehen, doch Franz' Unruhe ging mir maßlos auf die Nerven. Warum nur hatte er sich dieses Grundstück zugelegt, zumal in einer Gegend, die so weit von Berlin entfernt war, dass es zwei bis drei Autostunden kostete, bis man dort war?

Zwischen den Jahren besuchten wir die Schwiegermutter. Um Franz zu beruhigen, schlug ich ihm spontan vor, zum Grundstück zu fahren und die Wasserleitungen zu überprüfen. Die Kreisstadt, in der er zuhause und aufgewachsen war, lag wesentlich näher am Kyffhäuser als Berlin. Franz sah mich an, als hätte ich ihm verkündet, wir hätten im Lotto gewonnen. Vor Erleichterung und Freude wären ihm beinahe die Tränen gekommen. Behutsam überredete ich die Großmutter und Enkel, zwei Tage allein miteinander zu verbringen.

Mitten im Winter reisten wir also bei Schnee und Eis in den finsteren Wald. Im Einkaufsmarkt trafen wir erneut die schnapstrunkenen Männer. Ihre Bäuche schienen seit dem Sommer mit seinen Grill- und Bierfesten noch schwerer herabzuhängen als zuvor. Die Verkäuferinnen trugen blinkenden Weihnachtsschmuck im Haar, der mit künstlichem Schnee überzogen war. Alle lächelten in nicht enden wollender Seligkeit.

Draußen war es bitterkalt, der Himmel wolkenverhangen, und der Wind schnitt wie spitze Scheren in meine Wangen. Beim Aufstieg schnappte ich nach Luft. Die Bäume trugen kein Laub, und die Tannen wirkten düster und abweisend wie immer. Kein Laut war zu hören, die Singvögel alle verschwunden. Allein unten auf dem Stausee hatten sich kreischend und schwatzend Heerscharen von Zugvögeln versammelt, um auf dem Wasser, geschützt vor Fuchs und Wildkatze, zu übernachten. Die wehklagenden Rufe der Neuankömmlinge, mit Hilfe derer sie sich orientierten, schallten über den grauen Himmel. Unentwegt kamen neue Schwärme angeflogen, begrüßten die anderen Vögel schreiend und ließen sich flügelschlagend auf der Wasseroberfläche nieder.

Immerhin stellte sich bei uns beiden, oben angekommen, prompt Entspannung ein. Kaum hatte Franz die untere Türe aufgesperrt, ließ sich auf Anhieb feststellen, dass keine der Leitungen geplatzt war, der Boden der Hütte trocken, der Teppich gewohnt schmuddelig, aber unversehrt. Rasch warfen wir eine paar Scheite Holz in den eisernen Ofen. Bei der früh einbrechenden Dunkelheit konnten wir sowieso nicht mehr viel unternehmen. Eingehüllt in warme Decken und dicke Socken wartete wir, bis es warm genug geworden war, aßen eine Kleinigkeit und gingen rasch schlafen.

In der Nacht erwachte ich von einem merkwürdigen Geräusch. Es schabte und klimperte, als würde eine leere Blechdose über den Grund geschoben werden. Ob das ein böser Dämon war, auf ewig verflucht, mit rostiger Kette nachts durch den Wald zu schlurfen? Für kurze Zeit war es still, doch dann fing es von vorne an. Scharr, kling, kling. Scharr, kling, kling.

Oder war es die Wilde Jagd? Hatten wir etwa über die Feiertage draußen die Wäsche hängen lassen? Schließlich waren die Raunächte angebrochen, die zwölf Tage zwischen Weihnachten und Neujahr, in denen sich Geister umtrieben und die Zukunft voraussagen ließ.

Draußen heulte der Wind in den Bäumen, knarrend bewegten sich die Äste. Vorsichtig tastete ich neben mir nach Franz, um ihn zu wecken, doch er war längst wach. »Was ist das?«, fragte ich ihn leise, doch er antwortete nicht. Er war starr vor Angst.

Ich griff zur Taschenlampe, robbte langsam ans Ende des Hochbetts und lugte vorsichtig über den Rand. Offensichtlich ereignete sich das Unheil mitten in unserer Hütte. Doch der Lärmende ließ sich nicht stören. Ungehindert scharrte er über den Holzboden, klingelte und schepperte mit Blech. Ich wartete, bis Franz zu mir aufgeholt hatte und knipste die Lampe an. »Da hinten«, sagte Franz und wies hinüber ins Regal. »Da bewegt sich was.«

Leise fing er an zu lachen. Es war eine Maus. Sie hatte die Vorderpfoten auf eine Erdnussdose gestemmt und versuchte, den blauen Kunststoffdeckel herunterzubeißen. Jedes Mal, wenn ihr der Deckel entglitt, rutschte sie ab und musste sich neu an der Dose hochhangeln. »Frechheit!«, sagte Franz. »Da macht sich einer über unsere Vorräte her.« Die Maus hielt inne und sah uns vorwurfsvoll an. Was macht ihr denn hier?, schien sie uns zu fragen.

Ich war fassungslos. Eine Maus in unserer Hütte! Und das mitten im Dezember. Das hatte ich nicht für möglich gehalten. Musste die nicht Winterschlaf

halten? Nichts gegen wilde Tiere, aber sie hatten sich gefälligst draußen in der Natur aufzuhalten.

»Wie hat sie es geschafft, hier hereinzukommen?«, fragte ich Franz. Fenster und Türen waren alle dicht.

»Tja, da werden wir wohl Mausefallen aufstellen müssen«, sagte er und verzog sich wieder unter die Decke. Ich löschte die Lampe. Das Feuer war ausgegangen, und es war zu kalt, um das Problem sofort zu lösen. Wir mussten warten, bis es draußen hell geworden war. Beim Einschlafen begleitete mich noch eine Zeitlang das Scharren und Klingeln. Jetzt hatten wir reale Feinde. Wie konnten wir sie vertreiben? Eigentlich mochte ich keine Fallen. Die Vorstellung, jedes Mal tote Mäuse einzusammeln, wenn wir im Schattengarten ankamen, grauste mich unendlich. Das hätte mir gerade noch gefehlt.

Als Studentin hatte ich eine Freundin in New Mexico besucht, wo sie eine Ausbildung in Spiritualität absolvierte. Sie hatte eine eigene Art, sich gegen Angriffe von Mäusen in ihrer Bleibe zu schützen. Im Internet hatte sie Lebendfallen entdeckt, sich ausführlich damit befasst und prompt einige davon bestellt. Das hörte sich einigermaßen human an. Die Tiere wurden in der Falle nicht erschlagen, sondern gerieten lebendig in Gefangenschaft und konnten wieder ins Freie gelassen werden.

Doch die Methode war durchaus grausam. Die Falle bestand aus einer kleinen, rechteckigen

Kunststoffschachtel, sie war durchsichtig und man konnte die Gefangene darin beobachten. Die Maus, die meine Freundin auf diese Art gefangen hatte, regte sich in der beengten Umgebung derartig auf, dass sie schwitzte und alle Wände, selbst Dach und Boden, von innen beschlugen. Sie tat mir furchtbar leid. Wir trugen die Schachtel hinaus und entließen die Maus in die Einöde. Sie torkelte voran und sank erschöpft zu Boden. Ihr Fell war klatschnass, und alle Haare standen ihr zu Berge. Für ihre natürlichen Feinde war sie jetzt ein leichtes Opfer geworden.

Vielleicht ließen die Mäuse mit sich reden, dachte ich beim Einschlafen. Ich musste sie lediglich davon überzeugen, die Hütte nicht mehr zu betreten. Doch als ich am nächsten Morgen den Schrank unter dem Waschbecken öffnete, in dem die Handtücher aufbewahrt werden, war es mit meinem Versöhnungseifer schlagartig vorbei. Die Tücher, die ich dort verwahrte, waren allesamt in klitzekleine Fetzen zerbissen und zu einem kugelförmigen Nest geformt worden. Kein Wunder, dass uns die Maus in der Nacht derart vorwurfsvoll angesehen hatte. Ihre Familie hatte unser Haus komplett in Beschlag genommen. Nicht sie war der Eindringling, sondern wir.

In einer Mischung aus Faszination und Entsetzen starrte ich das Bauwerk an. Es war von höchst fragiler Statur, gleichzeitig überaus stabil und wertbeständig, eine Höhle aus Frottee sozusagen, eine Schneeflocke aus zerkautem Leinen. Unverhofft fühlte ich mich an das Atomium erinnert, das wir gelegentlich als Kinder in Brüssel besucht hatten. Von weitem wirkte dieses Bauwerk ähnlich instabil, doch sobald wir uns genähert, ja, den Sockel unten ebenerdig betreten hatten, um die silbernen Schrägen zu besteigen und einige Kugeln von innen zu besichtigen, herrschte nicht mehr der geringste Zweifel, dass dieses Gebäude niemals umgeweht oder gar davongetragen werden könnte.

Vorsichtig zog ich die Handtücher aus dem Schränkchen und brachte sie ins Freie. Dort schüttelte ich sie nachdrücklich aus. Vielleicht ließ sich das eine oder andere noch retten. Doch weit gefehlt: Faustgroße Löcher starrten mir entgegen, wenn ich eines der Tücher in die Höhe hielt. Die Tiere hatten ganze Arbeit geleistet. Das konnte ich nur noch wegwerfen. Kein Mensch würde sich damit noch abtrocknen können.

Zurück in der Zivilisation, beschäftigte ich mich in den nächsten Monaten intensiv mit der Aufgabe, ein Vernichtungsmittel für Mäuse ausfindig zu machen. Ich las alles darüber im Internet und war beeindruckt, wie viele verschiedene Sorten dort empfohlen wurden, ja, wie viele unterschiedliche Gifte es tatsächlich gibt. Schon bald musste ich feststellen, dass keines der Produkte für mich in Frage kam. Sie waren viel zu gefährlich, allein schon wegen der Kinder. Auch hierbei stellte sich ferner die Frage: Wer entsorgt zum Schluss die toten Tiere?

Die beste Lösung wäre gewesen, sich eine Katze anzuschaffen. Die hätte sich auf die Jagd nach den frechen Viechern gemacht und sie praktischerweise verschlungen. Das erinnerte mich an die Bauern, die in den Tiroler Bergen lebten, in denen meine Eltern einen Hof besaßen und ich häufig als Kind die Sommerferien verbracht hatte. Sie alle besaßen Katzen, die meisten von ihnen gleich mehrere. Das war für sie unverzichtbar. »Die Mäuse springen mir sonst über den Küchentisch«, sagte meine Lieblingsbäuerin im breitesten Tirolerisch und lachte unter ihrem weißen Kopftuch hell auf. Ihr faltiges Gesicht verzog sich dabei zu einer wilden Grimasse. Ich fing ebenfalls an zu lachen. Die Vorstellung von Mäusen, die auf einem Tisch herumtanzten, war einfach zu lustig.

In den Bergbauernhöfen grenzten die Wohnstuben ebenerdig an den Kuhstall. Nur eine Tür trennte die eine Unterkunft von der anderen. Da war der Zugang nicht schwer, der Weg in die Speisekammer mühelos zu finden. Die Mäuse hatten leichtes Spiel. Doch am Kyffhäuser mussten sie dafür zwei hohe Stufen, eine Schwelle, überdies eine fest verschlossene Tür überwinden. Wie war ihnen das gelungen?

Im Sommer hatten mich die grauen Felltierchen nicht gestört. Saßen die Kinder und ich auf der Bank vor der Hütte, beobachteten wir, wie sie durch das Beet flitzten oder über die Steintreppe, die Franz angelegt hatte, um zum Eichenhain hinaufzugelangen. Sie nahmen tatsächlich an, wir würden sie nicht sehen, schauten erst kurz in unsere Richtung und zischten dann hinüber.

Die Kinder waren von ihnen entzückt, gaben ihnen Namen, malten Bilder für sie und versuchten, mit ihnen zu kommunizieren. Eine der Mäuse nannten sie Ede und legten ihr Leckerbissen vor die Höhle. Nichts war unterhaltsamer als zu beobachten, wie sie sich mit einem Stück Schinken zwischen den Pfoten auf die Hinterbacken setzte, ausführlich daran schnupperte und dann Hals über Kopf damit im Gang verschwand. Ach, hätte ich diesen Schinken damals nur vergiftet!

Mit Interesse beobachtete ich, dass die Tiere ein Netz von Gängen und Höhlen gebaut hatten. Es handelte sich ganz offensichtlich um Wühlmäuse. Auch auf der Wiese gab es zahlreiche Löcher, durch die sie blitzartig in den Untergrund verschwanden. Die Gänge darin führten steil bergab. Ich stellte mir vor, sie hätten das gesamte Grundstück unterminiert. Irgendwann würde die Hütte samt Wiese und Bank und allem, was dazugehörte, abstürzen und in einem Erdloch verschwinden. Dort würden die Mäuse sitzen und uns neugierig betrachten. Was ist denn in euch gefahren?, würden sie uns fragen. Wollt ihr neuerdings mit uns gemeinsam unter der Erde leben?

Kapitel VIII

Blütenstaub versus Brauchwasser

Die Freude über das Fließendwasser währte nicht lang. Als ich das nächste Mal zum Kyffhäuser zurückkehrte – inzwischen war es Frühling geworden, Bäume und Blumen blühten in voller Pracht, der Himmel barst vor Vogelgesang – und Franz den Hebel an der Regentonne umlegte, kam drinnen in der Hütte kein Wasser aus dem Hahn. Der Zulauf war verstopft.

Zuerst war Franz nur verblüfft, dann erstaunt, und schließlich wurde er ernsthaft wütend. Er hieb mit der Faust auf den schweren Holztisch vor der unteren Hütte und brüllte laut über die Wiese. Wie Hohngelächter schallte sein Echo aus dem Wald zurück.

Dann holte er die Leiter, kletterte zur Wassertonne hinauf, prüfte Ein- und Ausgang, kam wieder herunter, untersuchte sämtliche Leitungen, hob sogar den schweren Deckel hoch und sah in die Zisterne. Erst nach langem Nachdenken und erneuten

Schrei-Telefonaten mit seinem Bruder wurde es ihm klar: Die Siebe hatten sich mit Blütenstaub zugesetzt, das Wasser kam nicht mehr hindurch. Es gab einen klaren Zusammenhang zwischen Drinnen und Draußen, zwischen seinem persönlichen Leben und der Situation, die ihn umgab, seiner geliebten Natur.

Nun begann eine neue Phase des Tüftelns und Suchens, des Ausprobierens und Experimentierens, unterbrochen von zahlreichen Wutanfällen und Zornausbrüchen, Brüllattacken und Verzweiflung. Dazwischen wirkte Franz derart entmutigt, dass ich vorschlug, zu bestimmten Jahreszeiten in der Hütte grundsätzlich auf fließendes Wasser zu verzichten. Sollten die Bäume doch blühen, der Staub sich wie goldener Glanz auf Blätter und Zweige senken, die Hütte mit glitzerndem Schein umgeben. Sobald diese Zeit vorüber war, würde das Wasser schon wieder fließen.

Doch er ließ nicht locker, wollte nicht kapitulieren. Eigensinnig stemmte er sich der Ohnmacht entgegen, konnte sie nicht akzeptieren, wollte sich beweisen, dass ein Leben in Eintracht mit der Wildnis möglich ist. Er kaufte Filter unterschiedlichster Natur, probierte es mit Materialien aus Papier oder Filz, aus diversen Stoffen und Stahl, setzte sie an verschiedenen Stellen seines Leitungssystems ein. Schließlich mussten die Siebe leicht zugängig bleiben, damit sie jederzeit erneuert werden konnten, man regelmäßig überprüfen konnte, ob die Poren sich geschlossen hatten oder woran es sonst lag, dass kein Wasser durchkam.

Erneut vergingen viele Tage und Wochen, eine Zeit, in der Franz ein weiteres Mal bei seinem älteren Bruder Rat suchte, stundenlang mit ihm telefonierte, ein wahrer Kniefall, denn er ließ sich nicht gerne helfen. Schließlich gelang es den beiden, das Rätsel zu knacken. Dank der Gespräche und dem gemeinsamen Nachdenken, langwieriger Recherchen, auch im Internet, fand Franz das richtige Rohr, die beste Methode, das passende Sieb. Er war am Ziel! Wann immer er zum Grundstück zurückkehrte, gab es Brauchwasser in rauen Mengen. Es war ein Fest!

Jetzt wurde er allerdings vorsichtig, respektierte die widrigen Umstände und schützte sein System. Ende Herbst öffnete er regelmäßig alle Leitungsstränge und ließ sie leerlaufen. Dann umwickelte er die Rohre mit alten Lappen, versah die Stellen, an denen ihnen der Frost zusetzen könnte, zusätzlich mit dickem Filz.

Im Frühjahr kletterte er nacheinander auf die beiden Hüttendächer und fegte sorgfältig alle Blätter hinunter. Nass und glänzend fielen sie auf den Erdboden, bildeten rund ums Haus einen dunkelbraunen Wall, flogen davon, sobald sie getrocknet

waren, und verschwanden im Wald. Regelmäßig kontrollierte Franz sämtliche Filter, reinigte sie aufwändig oder ersetzte sie. Diese Vorgänge wiederholte er je nach Baumblüte saisonweise. Sie wurden zu Ritualen, festen Bestandteilen seines Umgangs mit dem Wald. Denn schließlich blühten die Bäume nicht jedes Jahr gleich stark, ähnlich wie die Eichen, die nur von Zeit zu Zeit eine Überzahl an Früchten hervorbringen, in den sogenannten Eicheljahren.

Franz lernte, mit der Natur zu leben, respektierte ihre Präsenz und verteidigte gleichzeitig den Raum, den er für seine Ansprüche an die Zivilisation benötigte. Es war ein Nehmen und Geben, ein Fragen und Antworten, Ein- und Ausatmen. Es machte ihm Spaß und blieb gleichzeitig stete Herausforderung, eine Beziehung mit Ansprüchen. Ich beobachtet das mit Staunen. Es blieb für mich eine fremde Welt.

Kapitel IX

Der richtige Regen

Nachdem das Problem mit dem Brauchwasser gelöst war, dachte ich, wir könnten allmählich zur Tagesordnung zurückkehren. Es gab ja noch anderes im Leben als einen naturbelassenen Steinbruch am Kyffhäuser. Familienfeste zum Beispiel oder Ausflüge mit Freunden, Kurzreisen nach Paris oder Hiddensee. Insgeheim hoffte ich, die Reisen nach Mitteldeutschland würden allmählich weniger werden. Doch ich irrte gewaltig. Je älter und selbständiger die Kinder wurden, desto öfter zog es Franz in den Kyffhäuser. Er fuhr alleine dorthin, wurstelte auf seinem Grundstück herum und ließ nichts mehr von sich hören. Ausstellungseröffnungen, Kunstmessen – alles sagte er ab. Ich verstand die Welt nicht mehr.

Zum ersten Mal in seinem Leben schien die Kunst eine nachgeordnete Stellung einzunehmen. Oder war möglicherweise der Garten die ideale Entsprechung zu seinem künstlerischen Schaffen? Spielte die Familie keine Rolle mehr für ihn, erst recht nicht seine Ehefrau? Auf jeden Fall hatte die wachsende Menge an Brauchwasser etwas verändert. Franz wollte die wilde Lichtung in einen gepflegten Landschaftsgarten verwandeln, noch mehr dort anpflanzen als bisher.

Im Vorfeld bestellte er entsprechende Waren, Grünzeug in rauen Mengen. Verpackt in übermannshohe Kartons, wurde es in Berlin angeliefert, mühsam von den Postleuten ins Haus getragen und im Treppenhaus abgestellt. Zum Glück lag unsere Stadtwohnung im Hochparterre, denn die Pakete waren unendlich schwer.

Doch wer oder was bestimmte die Auswahl? Ich ahnte, dass Franz das Internet nachts nach entsprechenden Informationen durchforstete, sich auf einschlägigen Video-Kanälen Lehrfilme und Ratgeber-Sendungen ansah, Inspiration und Ideen sammelte. Stundenlang sah er sich die Tierfilme von David Attenborough an, schlief trotz der eintönigen Kommentare des britischen Naturforschers, den die Queen zum Sir geschlagen hatte, nie darüber ein. Allein, die Erkenntnisse aus seinen Recherchen teilte er nicht. Seine Entscheidungen behielt er für sich.

Er benahm sich wie ein versponnener Wissenschaftler, der seine Forschungen allein hinter versperrten Türen betreibt, möglichst unter Ausschluss der Öffentlichkeit, verhielt sich wie ein Alchimist, der abends in seine Kammer verschwindet und nach dem Arkanum fahndet oder dem Geheimnis zur Herstellung von Gold. Niemand sollte etwas davon erfahren.

Gelangten die unhandlichen Pakete in seiner Abwesenheit bei uns an, schleppten die Kinder und ich sie unter Ächzen und Staunen in den Hof, schnitten sie vorsichtig auf. Wir hatten keine Ahnung, was sie enthielten. Meist waren sie randvoll mit Füllmaterial, Sägespänen oder Holzwolle. Mit beiden Händen wühlten wir uns langsam durch die Verpackung, suchten blind wie die Maulwürfe nach ihrem Inhalt und zogen, sobald wir ein einzelnes Stück ertastet hatten, eine Pflanze, eine zweite und noch viele weitere Exemplare hervor. Neugierig sahen wir uns das fremde Wesen an. Meist steckte es in einem schwarzen Plasteblumentopf mit Erde und war zusätzlich mit einem dünnen Stecken verstärkt, außerdem in eine durchsichtige Tüte eingeschlagen. Gerne hätten wir gewusst, worum es sich handelte.

Hatten wir die Pflanze von der Holzwolle oder den Spänen befreit, die Tüte abgezogen, stellten wir sie zu den anderen, alle sorgfältig nebeneinander aufgereiht an den Rand der mit Mulch gefüllten Beete in unserem Innenhof. Karton und Verpackungsmaterial trugen wir in den Nachbarhof, wo sich unsere Mülltonnen befanden, langsam und umsichtig wie kostbare Trophäen, um zu vermeiden, dass sich dabei Sägespäne oder Holzwolle auf die Straße ergossen. Es war aufwändig für uns und überaus anstrengend.

Kehrte Franz zurück, nahm er die Ware aufgeregt in Empfang, ging vor den Töpfen in die Hocke und zupfte Beikräuter aus der Blumenerde, goss die neu gewonnene Rabatte sorgfältig mit dem Gartenschlauch. Dabei murmelte er lateinische Namen vor sich hin, verglich sie mit den Beschreibungen auf der Liste, die der Sendung beigelegt worden waren, und prüfte, ob die Bestellung vollständig war. Jede einzelne Pflanze schien er persönlich begrüßen zu wollen, ihr wie einem Neuankömmling durch ein herzliches Willkommen das Eingewöhnen zu erleichtern.

Vielleicht legte er Zeichnungen an, machte heimlich Pläne und überlegte anhand von Skizzen, wohin er welche Pflanze setzen, was in welcher Umgebung gut aussah und gedeihen konnte. Doch solche Aufzeichnungen bekam ich nie zu Gesicht. Franz sprach darüber nicht.

Größer ist die Wahrscheinlichkeit, dass alles wie schon zu Beginn in seinem Kopf stattfand, vor seinem inneren Auge, in seiner Fantasie. Er wusste, was er tat, wollte aber nichts davon erzählen. Das Ergebnis sollte eine Überraschung für uns sein.

Mit Franz' neuer Leidenschaft ging auch sein Wetterwahn einher. Ständig verfolgte er die neu-

esten Niederschlagsmeldungen, nutzte unterschiedliche Apps und Kanäle, glich die Informationen miteinander ab. Aufgeregt verfolgte er die Darstellung heranziehender Regenwolken im Internet, rechnete die Zeit aus, die sie im Kyffhäuser verbrachten, und verglich im Anschluss daran die Zahlen, die in jener Region gemessen worden waren. Hatte es am Kyffhäuser geregnet, konnte er sich darüber freuen wie ein Kind. Dann stürmte er unverhofft und mitten am Tag in mein Arbeitszimmer und umarmte mich überschwänglich. Was immer er gerade tat – unentwegt war er in Gedanken auf seinem Waldgrundstück und dachte über das Gedeihen seiner Pflanzen nach.

Ich konnte Franz' Aufregung nicht im Geringsten teilen. Meine Gemütszustände richteten sich nicht nach Niederschlagsmengen, die in Regionen gemessen wurden, die mich nicht umgaben. Ebenso hätte ich mir Gedanken um die Trockenheit der großen Wanderdüne von Juist machen können.

Gab es am Kyffhäuser zu wenig Niederschlag, sank Franz' Stimmung in den Keller. Dann lief er missmutig durch die Wohnung und verbreitete schlechte Laune. Versuchte ich ihn zu beruhigen und ihm zu sagen, es habe aber doch geregnet, widersprach er heftig. Das sei kein richtiger Regen gewesen. Diese Wassermenge würde niemals reichen.

In der Tat brauchte der Kyffhäuser mehr Niederschlag als andere Regionen. Wenn es nicht lange und nachhaltig regnete, hielten die Baumkronen das Wasser ab, und die Nässe gelangte nicht bis zu den Wurzeln. Hinzu kamen das dicke Laub, das den Boden bedeckte, Unterholz und Moos. Auch Starkregen war keineswegs hilfreich, denn er hielt meist nicht lange an. Die Menge an Wasser, die er mit sich brachte, war zu heftig und floss gleich wieder ab.

Ich nahm also Anteil an Franz' Stimmung, bemühte mich, mitfühlend zu sein, doch in Wahrheit fehlte mir dafür die Überzeugung. Sobald er mein Zimmer verlassen hatte, schüttelte ich fassungslos den Kopf und wandte mich wieder meiner Arbeit zu. Was hatte ein Garten in Mitteldeutschland mit meinem Alltag in Berlin zu tun?

Franz änderte sein Verhalten nicht. Selbst als die jährliche Familienferienreise heranrückte, dachte er nur an sein Gartengrundstück am Kyffhäuser. Dabei sollte es diesmal nach Irland gehen, ein Ziel, das er selbst ausgesucht hatte. Wir wollten mit dem Auto nach Belgien fahren, durch den Tunnel nach England und immer weiter bis auf die ferne Insel. Ich hatte die Reise fein säuberlich vorbereitet, differenziert geplant, damit die Sachen bei den vielen Aufenthalten unterwegs griffbereit waren, hatte gewaschen und dafür gesorgt, das alles parat war: Kleidung und Schuhe für die Kinder, Schlafsäcke, Kissen und Decken, die wir unterwegs benötigen könnten, gar nicht zu reden von Badesachen, Büchern und Spielkarten, Federballspiel und Ausmalbüchern, nicht zuletzt dem Proviant. Während die Kinder in der Schule waren, packte ich das Auto mehrfach ein und wieder aus, versuchte herauszufinden, wie ich all die Einzelteile würde unterbringen können, einerseits wohl verwahrt im Kofferraum, andererseits möglichst griffbereit, sollte etwas davon während der Fahrt benötigt werden. Mir schwirrte der Kopf.

Mitten in diesen Vorbereitungen – ich hatte gerade die perfekte Passform für alle Packstücke gefunden – baute sich Franz plötzlich vor mir auf und verkündete, er müsse jetzt mit dem Auto zum Kyffhäuser fahren. Ich hätte doch sicher nichts dagegen. Da gäbe es kein Vertun. Er reise sofort ab.

Ich war fassungslos. Was um Himmels willen habe er dort vor?, fragte ich ihn.

Blumen gießen, antwortete er kurz und bündig und klimperte ungeduldig mit dem Autoschlüssel. Es habe in den letzten Wochen viel zu wenig geregnet. Dazu die sommerliche Hitze. Der Boden sei komplett ausgetrocknet. Die Pflanzen bräuchten dringend Wasser.

Im ersten Moment beschloss ich, Irland abzublasen. Offensichtlich waren das Grundstück und seine Witterungsbedingungen Franz wichtiger geworden als der Familienurlaub. Nun gut, beim Packen und Einkaufen, Waschen und Sortieren half er selten, das Auto musste ich meist allein beladen, doch er beteiligte sich immer an der Auswahl des Ferienziels, suchte entsprechende Häuser und Ortschaften im Internet aus und besprach anschließend eingehend mit mir, wohin es gehen sollte. Das geschah zwar immer erst, wenn die Kinder im Bett waren, also spät abends, ich war meist hundemüde, und vor lauter Gähnen tränten mir die Augen, doch wir kamen immer zu einer Einigung und fanden berückend schöne Plätze. Am jährlichen Familienurlaub war Franz wirklich gelegen.

Das hatte sich nun schlagartig verändert. Sein Garten, die Pflanzen, das Gestalten im Wald nahmen jetzt mehr Raum in seinem Leben ein. Ausgerechnet die Leidenschaft, die ich nicht mit ihm teilte, hatte er sukzessive ausgebaut, trieb sie immer weiter voran. Auch jetzt wollte er die Gelegenheit nutzen und wieder Pflanzen zum Kyffhäuser bringen. Er müsse die Kartons nur ins Auto bringen, teilte er mir mit. Sie stünden schon fertig vorbereitet im Hof. Es würde mir doch sicher nichts ausmachen, wenn er die Koffer für die Ferienreise wieder auspacke. Ob ich ihm kurz helfen könne?

Kapitel X

Lagerfeuer und Holz hacken

Eine der wenigen Aufgaben am Kyffhäuser, die mir Spaß machte und gleichzeitig sinnvoll erschien, war das Holzhacken. Mein Vetter hatte mir eine Axt geschenkt, ein langstieliges Exemplar von ausgezeichneter Qualität. In den nächsten Herbstferien machte ich mich wieder mal an die Arbeit. Ich platzierte ein Baumstück auf den Bock unter der oberen Hütte, wo die Zimmerleute freien Platz gelassen hatten, nahm die Axt in beide Hände, schwang sie über meinen Kopf, holte weit aus und schlug konzentriert und machtvoll zu. Kurz vor dem Aufprall ging ich leicht in die Knie, um meinem Schlag noch mehr Kraft zu verleihen.

Meist barst das Stück gleich beim ersten Mal in drei Scheite. Aufseufzend ließen sie sich hinfallen und sprangen auf den Boden. Ich sammelte sie ein, legte sie in den Korb und trug ihn, nachdem er voll geworden war, in die Hütte. Die überzähligen Scheite stapelte ich ordentlich an die rückwärtige Wand.

In seiner letzten Arbeitsphase vertrat mein Vater die Bunderepublik als Botschafter in Wien. Gerade in dieser Zeit kam die Wende, die Ostdeutschen stürmten die Mauer und stürzten ihr Regime. Im Vorfeld flohen zahlreiche von ihnen über Ungarn gen Westen. Am Rand des Paneuropäischen Picknicks an der ungarischen Grenze nutzten sie einen Zeitpunkt, in dem der Übergang unbewacht war, stießen das Tor Richtung Österreich auf und liefen los. Viele von ihnen landeten abgerissen und erschöpft in der deutschen Botschaft in Wien. Dort wurden sie registriert und erhielten ein kostenloses Zugticket in die Bundesrepublik. Das hatten mein Vater und seine Belegschaft organisiert. Tagelang saß er in der Botschaft, auch wochenends, und kümmerte sich um die Geflohenen.

Nach diesem einschneidenden Ereignis ging mein Vater in Rente. Das fiel ihm denkbar schwer. Saß er abends in seinem Wohnzimmersessel und schaute die Nachrichten, fuchtelte er mit den Händen und rief vor Aufregung das ganze Haus zusammen, wenn einer seiner »Bekannten« zufällig im Fernsehen zu sehen war: François Mitterand oder Hans-Dietrich Genscher, Franz Vranitzky oder Lech Wałęsa. Nicht wenige Monate zuvor hatte sie mein Vater nacheinander in der Wiener Botschaft empfangen. Jetzt saß er bedeutungslos und ohne Amt auf seinem Tiroler Bergbauernhof im Salon und wusste nicht, wie er die Zeit herumbringen sollte.

Ähnlich wie ich fand mein armer, pensionierter Vater Befriedigung im Holzhacken. Er schwang die Axt, zerkleinerte die Bäume, stapelte die Scheite sorgfältig unter die Veranda und träumte von seinem einst so aufregenden Leben. Er verglich sich dabei mit dem letzten deutschen Kaiser. Der habe auch Holz zerkleinert, als er nach dem Ersten Weltkrieg und dem Ende der Monarchie im niederländischen Exil gelandet war.

Mein Vater wusste, dass Wilhelm II. nicht Holz hacken konnte. Der linke Arm des Monarchen war von Geburt an verkümmert. Eher hätte mein Vater sich mit mir vergleichen sollen. Ich war seine Tochter und lebte. Doch er dachte gar nicht daran.

Noch lieber als das Holz zu hacken, zündete ich im Kyffhäuser ein Feuer an. Nachdem Franz das Waldgrundstück erworben hatte, fand ich dort Unmengen an Gerümpel und Altholz vor: morsche Balken und kaputte Möbel. Hinzu kam der Inhalt der Hütten, der herausgeschafft und auf einen Haufen gestapelt worden war. All das galt es sukzessive zu verbrennen.

Ich suchte mir eine sichere Stelle im Steinbruch, baute aus kleineren Ästen, trockenen Gräsern und Blättern ein zeltförmiges Gebäude, schob zerknüllte Zeitungen dazwischen und hielt ein brennendes Streichholz daran. Rasch schlugen die Flammen auf, entzündeten das leichtere Material und sprangen später auf die dickeren Holzstücke über. Bald war ein Lagerfeuer daraus geworden, strahlte Hitze ab und ließ sich mühelos mit weiterem Brennstoff füttern. Stück für Stück, Armladung für Armladung schleppte ich ihn herbei. Wenn die Kinder Muße hatten, halfen sie mir, zerrten einzelne Äste ran, schleppten sie durch das Gelände und warfen sie johlend in die Flammen.

Nicht alles, was verbrannt werden musste, war hinreichend trocken, aber je größer das Feuer wurde, desto stärker wurde die Hitze, die es ausstrahlte. Ungehindert zerfraß es dann auch schlechter brennbares Material. Zufrieden sah ich ihm dabei zu, legte nach, brannte Äste und Balken ab, Pappen und Wände. Waren die Zweige zu frisch, quollen Tropfen und Schaum aus den Stämmen hervor, bildeten dicke Wrasen, die zischend auf den Boden fielen, um sogleich in der Hitze zu vergehen. Ich sah ihnen zu und freute mich dabei. Das Feuer war eine ganz und gar eigene Macht, eine Wucht und Grässlichkeit. Es war das Leben, und ich konnte es steuern.

Dieses mein Vergnügen nahm Zeit in Anspruch. Jedes Mal, wenn wir auf das Grundstück kamen, musste ich das Feuer neu entzünden, meist brannte es stundenlang vor sich hin, manchmal loderte es

hoch auf, weil ich zu viel Brennmaterial auf einmal hineingeworfen hatte. Franz war das unheimlich, besonders die Größe der Flammen, und er bat mich, das Feuer klein zu halten. Er fürchtete, die Funken könnten auf das umliegende Gelände überspringen, trockene Blätter und Bäume, und einen Waldbrand entfachen, doch ich kannte mich gut damit aus und ließ mir nicht hineinreden.

Auch dies verband mich mit meinem Vater. Als ich ein Kind war, entzündete er regelmäßig solche Feuer in unserem Garten, brachte mir gleichzeitig bei, worauf ich achten musste, damit sie nicht zur Gefahr für die Umgebung wurden. In Brüssel, wohin wir von Bonn aus gezogen waren, hatte er eine eigene Stelle in unserem Garten dafür geschaffen. Sie befand sich weit genug vom Haus entfernt und lag tiefer. Im Brüsseler Garten wuchs übrigens auch ein riesiger Rhododendron. Womöglich hatten meine Eltern das Haus gerade deshalb ausgewählt.

Fortwährend beobachtete mein Vater sein Herbstfeuer, umrundete es aufmerksam mit einer eisernen Forche in der Hand und schob Zweige und Äste, die bereits durchgeglüht waren, von der Seite näher zur Mitte, sorgte dafür, dass sie eng zusammengedrückt wurden und der Wind nicht dazwischen fuhr. Wenn er aufbrach, um Nachschub zu holen, bat er eins von uns Geschwistern oder meine Mutter, in der Nähe zu bleiben und darauf aufzupassen. Wir durften das Feuer niemals alleinlassen.

Kehrte mein Vater zurück, meist hatte er Gestrüpp und Äste auf eine Schubkarre gehäuft, schob er das Gehölz in die Flammen und erklärte mir wortreich, an welche Stelle er es lege, und was der Grund dafür sei. Er liebte es, wenn das alte Laub und Wurzelwerk, die Zweige und Hölzer, die sich bei der Gartenarbeit angesammelt hatten, allmählich verbrannten und vollkommen verschwanden, bis am Schluss nur noch ein kleiner Haufen Glut übrig war. Das empfand er als ordentlich. Er räumte sein Leben auf.

Ich konnte seine Begeisterung verstehen, weil ich sie mit ihm teilte. Sie steckte mich an, und ich malte mir jahrelang aus, wie ich am Ende meiner Schulzeit meine gesamten Bücher und Hefte in solch ein Feuer werfen und restlos vernichten würde.

Ein Begleiteffekt meiner Pyromanie war, dass ich mit meinen Kindern zusammen das Essen zubereiten konnte, sobald das Feuer heruntergebrannt war. Manchmal schoben wir einfach Kartoffeln in die Glut oder backten Pizza auf einem flachen Stein. Alles schmeckte sonderbar und außergewöhnlich, denn nicht Salz und Pfeffer sorgten für die nötige Würze, sondern Feuer und Rauch.

Sobald es dunkel geworden war, saßen wir um die langsam vergehende Glut, erzählten uns Geschichten, musizierten miteinander, sangen Lieder. Viele Erlebnisse konnten wir nur teilen, weil wir währenddessen zusammen um ein Feuer saßen. Der Blick in die lodernden Flammen weckte unsere Erinnerungen und verwandelte sie in aufregende Geschichten. Als Sitzgelegenheiten dienten uns anfangs provisorische Hocker wie ein umgedrehter Eimer, eine alte Wurzel oder abgesägte Stämme.

Nachdem alle Haufen auf dem Grundstück abgetragen und vernichtet worden waren, verschob Franz die Feuerstelle weiter nach hinten und legte einen richtigen Steinkreis an. Einzelne Baumstämme sägte er so zu, dass sich daraus Bänke zimmern ließen. Zwei davon stellte er etwas näher an das Feuer, damit man sich daran wärmen konnte, andere im Abstand von gut einem Meter, denn im Sommer wurde es einem dort leicht zu heiß.

Nahe der Felswand blieb die Wärme, die das Feuer abgab, länger erhalten, wir waren geschützt vom Wind und konnten außerdem das Spiel der Schatten beobachten, die die Flammen auf die Steine warfen. Wie die wilden Kerle tanzten sie über die rötliche Wand. Hell leuchtete das Licht, das die Felsen reflektierten. Und wenn ich den Kopf in den Nacken legte, sah ich hoch oben die Blätter an den Bäumen zappeln. Wie Espenlaub zitterten und wisperten sie im Strom der aufsteigenden Hitze. Bisweilen sah ich genau dort, wo der dunkle Himmel durch die Wipfel zu sehen war, den Mond und einige Sterne. Ein Anblick von einprägsamer Schönheit.

Kapitel XI

Lampionfest mit Freunden

Nachdem Franz eigenes Brauchwasser auf dem Grundstück sammeln konnte und aus dem wilden Steinbruch allmählich ein romantischer Schattengarten geworden war, hängte er Lampions in die Bäume und lud Freunde ein, mit uns zu feiern. Es war um die Pfingstzeit, die Schwalben flogen hoch, und das Laub war hellgrün. Der Himmel versprach einen milden Abend.

Franz hatte sich vorgenommen, Fische über dem Feuer zu garen, und so fuhr er vorfreudig ins Tal, um einige Exemplare zu kaufen. Unweit der Autobahnauffahrt befand sich eine Forellenzucht. Die Kinder und mich setzte er auf dem Hinweg an der Kaufhalle ab, und wir besorgten inzwischen die restlichen Lebensmittel. Salat und Feuerkartoffeln sollte es geben, Knoblauchbaguette und gegrilltes Gemüse. Wer sich vegan oder vegetarisch ernährte, sollte ebenfalls satt werden. Die Kinder freuten sich auf das Fest und halfen mir beim Einkauf. Als Franz zurückkehrte, hatten wir alles beisammen und packten es mit ihm ins Auto. Dann fuhren wir zum

Getränkemarkt und kauften Limonaden und Wasser, Wein und Bier.

Zurück im Schattengarten, schmückten die Kinder die Büsche mit Girlanden und hängten unten, am Anfang des Weges, bunte Luftballons auf, damit jeder gleich wusste, wo es den Berg hinauf zum Grundstück ging. Manch einer musste jedoch von unterwegs anrufen und nach dem Weg fragen. Also liefen die Kinder und ich den Berg hinunter, um nacheinander alle persönlich willkommen zu heißen. Jeder Neuankömmling wurde jubelnd begrüßt. Endlich war ich mit diesem abgelegenen Garten nicht mehr allein.

Die Gäste waren eingeladen worden, bis in den Abend zu bleiben. Wer wollte, konnte auch gerne auf dem Grundstück übernachten. Ein Paar, Elisabeth und Stanislaus, brachte zwei seiner vier Kinder mit und wurde daher in der oberen Hütte beherbergt, der Rest der Gäste musste sich mit eigenen Zelten und Schlafsäcken behelfen. Die meisten gingen begeistert darauf ein. Allein, einer unserer Freunde ließ sich nicht überzeugen. Er reiste in heller Leinenhose und braunen Lederschuhen an. Kaum angekommen, erkundigte er sich nach einer Pension in der Nähe und machte auf dem Absatz kehrt. Ohne Dusche und frisch bezogene Kissen wollte er die Nacht keineswegs zubringen, gleich gar nicht unter freiem Himmel. Ich konnte ihn gut verstehen.

Dann waren allmählich alle da, und wir genossen das Beisammensein. Die Sonne schien vom Himmel, und es ging ein leichter Wind. Jeder war froh und unbeschwert. Elisabeth half Franz, die Fische zu räuchern, Stanislaus spielte mit den Kindern Wikingerschach. Sebastian, ein lieber Freund aus Kindheitstagen, unterstützte mich bei den Essensvorbereitungen. Einige der Gäste hatten etwas mitgebracht, Salat oder Kuchen, Obst oder Getränke. Das Buffet, eiligst aufgestellt mit Hilfe eines langen Bretts und vier Böcken, bog sich unter der Menge der Speisen. Bald hielten wir es nicht mehr aus und fingen an zu essen. Keiner wollte warten, bis die Fische gar waren. Zu sehr lockten die bunten Speisen und erfrischenden Getränke.

Elisabeth hatte einen tragbaren Picknick-Kanister aus blauer und weißer Hartplaste mitgebracht. Er war randvoll gefüllt mit Wasser. Als ich einen ersten Schluck davon nahm, schrie ich vor Freude kurz auf. Es schmeckte mir zu gut. Elisabeth lachte vergnügt. Sie hatte nach unseren zahlreichen Telefonaten bereits geahnt, was für mich die schönste Überraschung sein könnte. Der Kanister stammte aus Amerika, wo Stanislaus und sie mehrere Jahre mit den Kindern gelebt hatten. Stanislaus hatte in seinem Beruf als Arzt gearbeitet und Elisabeth ihn dorthin begleitet. Auf den gemeinsamen Reisen durch das weite, dünn besiedelte Land hatte sie gelernt, wie wichtig es war, unterwegs mit frischem Trinkwasser ausgestattet zu sein.

Als es dunkel wurde, rückten alle näher ans Feuer. Wie häufig entfalteten die Flammen ihre magische Wirkung, luden zu ungezwungenen Gesprächen ein, wie sie sich sonst eher selten ergeben. Keinen Augenblick lang versiegte der Austausch.

Im Hintergrund spielten die Kinder Verstecken-im-Dunkeln, schrien und lachten vor Überraschung, wenn sie unerwartet aufeinander trafen. Sie hatten sämtliche Taschenlampen eingesammelt und untereinander aufgeteilt. Damit gaben sie sich gegenseitig Lichtzeichen, um sich gleich darauf wieder zwischen den dunklen Stämmen zu verstecken. Wie Wetterleuchten wirkte das, wie Blitze in einem regenlosen Gewitter.

Mit dem Freund, der in den feinen Lederschuhen angekommen war – inzwischen hatte er sie gegen feste Stiefel eingetauscht –, sprach ich länger über den Erwerb eines solch abgelegenen Grundstücks. Ich hätte mich, erzählte ich ihm, mit der damals jähen Entscheidung von Franz immer noch nicht abgefunden. Er pflichtete mir bei und meinte, wenn er an seiner Stelle wäre, würde er zuallererst einen hohen Zaun um das Land schlagen, den Eingang mit einem fest verriegelbaren Tor sichern. Schließlich sei es Privatbesitz, wir hätten Verantwortung dafür übernommen.

Mir erschien das ein wenig übertrieben. Sicherlich würde in unserer Abwesenheit, fuhr er fort, ständig in die Hütten eingebrochen, oder etwa nicht? Ich schüttelte den Kopf. Auf diesen Gedanken war ich bislang nicht verfallen. Selbstredend bewahrte Franz im Schattengarten keinerlei Wertsachen auf.

Wir saßen bis spät in die Nacht am Feuer, tranken miteinander und erzählten uns Geschichten. Franz berichtete davon, wie er das Grundstück ausfindig gemacht hatte, die Eigentümer aufgesucht und einen guten Preis dafür ausgehandelt hatte. Elisabeth hing an seinen Lippen. Sie bewunderte seine Entschlusskraft und die Energie, mit der er das Projekt vorangetrieben und realisiert hatte. Als es noch hell gewesen war, hatte sie sich von ihm kreuz und quer über das Grundstück führen und sich alles genau zeigen und erklären lassen. Wie gerne würde sie selbst so ein verwildertes Stück Erde bewohnen.

Franz war hochzufrieden. »Das müssen wir unbedingt wieder einmal machen«, schwärmte er, als ich neben ihm am Feuer stand. Glücklich legte er seinen Arm um meine Schultern. Ich spürte, wie stolz er auf seinen Garten war.

Nachdem wir ausgeschlafen und gemeinsam gefrühstückt hatten, hieß es Abschied nehmen, doch nach den schönen Begegnungen fiel das nicht schwer. Alle waren von dem Schattengarten begeistert und versprachen, baldmöglichst wiederzukommen. Ich holte das Gästebuch aus der unteren Hütte, das Franz eingeführt hatte. Wir trugen uns nach jedem Aufenthalt dort ein und hielten fest, was neu entstanden war. Jetzt durften die Freunde unsere Aufzeichnungen durch ihre Unterschriften, Kommentare und Skizzen ergänzen.

Anton und Anna begleiteten Elisabeth, Stanislaus und ihre Kinder mit mir gemeinsam nach unten, wo ihr Auto stand, und winkten ihnen lange hinterher. Dann sammelten wir die Luftballons von den Büschen und die Girlanden ein und machten uns in aller Ruhe ans Aufräumen. Echogleich hallte der Klang der Stimmen unserer Freunde im plötzlich leeren Garten nach, die Rufe der Kinder und ihr Lachen. Mich befiel Katerstimmung, und ich spürte die altbekannte Einsamkeit in mir aufsteigen.

Abends rief Sebastian an und sagte, er vermisse seinen Ring, ein Erbstück vom Bruder seines Großvaters. Der Reif sei auffallend dick und golden, er trug ihn meist an der rechten Hand und habe schon überall danach gesucht, in seinem Auto und nach der Rückkehr auch zwischen seinen Sachen in der heimatlichen Wohnung. Ob wir ihn zufällig gefunden hätten. Ich musste die Frage leider verneinen und machte mich gleich auf die Suche, durchkämmte die Wiese und den Laubboden, die Feuerstelle und Steinstufen, sämtliche Beete und Wege.

Anschließend klickte ich mich im Mobiltelefon und Franz' Kamera durch die Fotos, die auf dem Fest entstanden waren. Auf einem der Bilder war zu sehen, wie Sebastian gerade seinen Fisch filetierte, dabei geschickt seinen Teller auf dem Schoß balancierte. Der Ring befand sich in diesem Augenblick noch deutlich sichtbar an seiner Hand. Also suchte ich am nächsten Morgen die Stelle ab, an der er gesessen hatte, fühlte mit Händen und Fingerspitzen den Waldboden ab, drehte Zweige und Blätter einzeln um, die dort auf dem Boden lagen. Ich wälzte sogar den Holzblock weg, auf dem er gesessen hatte, um nachzusehen. Vielleicht war der Ring zufällig darunter gerollt. Bei dem Gewicht dieser Sitzgelegenheit war das praktisch unmöglich, doch ich wollte nichts unversucht lassen.

Alles vergeblich. Einen goldenen Ring im Wald wiederzufinden ist offensichtlich unmöglich. Welch Wermutstropfen nach der unbeschwerten Feier! Ich bemühte mich, Sebastian zu trösten, fühlte mich gleichzeitig schuldig und wollte für den Verlust Verantwortung übernehmen. Er hingegen klagte sich selbst an, betonte, es sei nicht klug gewesen, den Ring zu tragen. Ein kostbares Stück Schmuck, zumal ein Erbstück, passe nun einmal nicht in die Wildnis. Er hätte ihn gleich zu Beginn in der Hosentasche verstauen sollen.

Wir beendeten das Telefonat, doch ich konnte und wollte nicht aufgeben. Noch häufig suchte ich den Ort ab, an dem Sebastian gesessen und Fisch gegessen hatte. Auch wenn ich an anderer Stelle auf dem Grundstück unterwegs war, Laub rechte oder Holz vom Boden aufsammelte – immerzu hielt ich Ausschau nach dem Ring, fahndete nach einem Blinken oder Leuchten zwischen den Halmen, hoffte auf ein Wiedersehen. Er konnte doch nicht weg sein! Sebastian hatte ihn auf unserem Fest getragen, ihn eigenhändig hierhergebracht. Ich spürte, dass er noch irgendwo war. Warum zeigte er sich mir nicht, fragte ich mich, warum konnte ich ihn nicht entdecken? Wie gerne hätte ich Freund und Ring wieder zusammengeführt.

Der Gedanke ließ mich nicht mehr los. Neben der bemoosten Zisterne gab es nun schon einen zweiten Grund, regelmäßig zu dem Grundstück zurückzukehren. Ich wollte das Schmuckstück finden.

Kapitel XII

Kalk im Boden

Im Winter eröffnete uns meine Schwiegermutter, dass sie ihren Pachtgarten aufgeben würde. Mit zunehmendem Alter sei ihr die Arbeit zu viel geworden. Meist hatte sich sowieso der Schwiegervater darum gekümmert. Nach seinem Tod waren die Aufenthalte, die sie dort verbrachte, immer seltener geworden. Es bereitete ihr wenig Freude, sich dort allein aufzuhalten. Ihre beiden Söhne hatten die Heimatstadt verlassen. Die Verantwortung belastete sie.

Franz war außer sich, denn ihn verband viel mit diesem Flecken Erde. Der Garten war seit mehreren Generationen in der Familie gewesen. Schon sein Urgroßvater hatte dort Tomaten gezogen, wunderliche Sorten in den unterschiedlichsten Farben: Grün, gelb und sogar braun waren einzelne Exemplare. Die Familie war besonders stolz auf ihre Zuchtergebnisse, zumal in den Jahren nach dem Krieg, in denen es, wie mir die Schwiegermutter wortreich berichtete, nur wenig Auswahl an Gemüse und Obst gegeben hatte.

Zum Glück fand Franz ein Mittel gegen seinen Kummer. Kaum war die Entscheidung gefällt, begann er, einzelne Pflanzen aus dem elterlichen Garten auszugraben und in den Kyffhäuser umzusiedeln. Von nun an war das Auto konstant gefüllt mit Grünzeug. Ob auf der Fahrt von Norden nach Süden oder von Süden gen Westen – Franz brachte jedes Mal Pflanzen in seinen Waldgarten. Die Mutter freute sich, dass die Familientradition ihre Fortsetzung fand, und unterstützte ihn dabei. Steinkraut und Akeleien gab sie ihm mit, Lilien und Fuchsien. Es waren viele unterschiedliche Sorten, und um jede rankte sich eine eigene Erzählung. Freimütig teilte sie sie mit uns. Meine Schwiegermutter füllte den Schattengarten mit diesen Geschichten.

Einige von den Pflanzen blieben erhalten, gingen an und verbreiteten sich rasch. Andere überlebten nicht lange. Das lag nicht nur an dem fremden Klima oder der Trockenheit. Der Boden auf dem Grundstück war nährstoffarm und sehr kalkhaltig. Das vertragen viele Pflanzen nicht. Auch meine Rhododendren gediehen dort nicht gut. Sie wuchsen langsam, und nach dem ersten Bodenfrost waren nur noch drei von den ursprünglich fünf Büschen am Leben. Es hatte sie »weggewintert«, wie Franz es fachmännisch nannte. Nur wenige Sorten können auf solchen Böden gedeihen.

Hinzu kamen die natürlichen Feinde der Vegetation, Rehe, die das Kräuterbeet plünderten, Vögel, die die Früchte stahlen, und, nicht zuletzt, die grässlichen Wühlmäuse. Sie nagten an den Wurzeln, schnappten sich die Beeren und fraßen einfach alles weg, was ihnen schmeckte. Sukzessive breiteten sie sich aus, ihre Population nahm ständig zu, und wo immer wir uns aufhielten, waren sie zu hören oder gar zu sehen. Ob vor der unteren Hütte oder der anderen, ob hinten am Lagerfeuer oder oben im Eichenhain – überall raschelte es leise, bewegten sich Blätter, zappelten kleine Zweige. Plötzlich sah man eine Maus von einer Erdhöhle zur nächsten rennen, als liefe sie um ihr Leben. Anscheinend hatten die frechen Biester sich vorgenommen, das gesamte Grundstück zu bevölkern. Dabei hatten sie riesengroße Angst vor uns, den mächtigen Zweibeinern. Ich brauchte nur einmal laut mit dem Fuß aufzustampfen, und sofort rannten sie davon.

Wenn eine der Pflanzen einging, war Franz tagelang traurig. Er litt wie ein Mensch, der einen geliebten Freund verloren hat. Ich versuchte ihn zu trösten und schlug ihm vor, nichts Neues mehr anzupflanzen, sondern lieber das zu kultivieren, was dort in dieser Gegend sowieso schon ansässig war. Doch das reichte ihm nicht. Er hatte tausend Ideen im Kopf und wollte sie alle realisieren. Eine ganze Mannschaft wollte er in seinem Garten versammeln, eine Truppe voller Gefährten und Gefährtinnen, die zu ihm gehörten, ihn schützten und begleiteten.

Eines Tages rief er mich aufgeregt in einen Bereich des Grundstücks, der besonders steil und unwegsam war. Der Untergrund war dort von Felsbrocken durchsetzt und zusätzlich von einer dicken Schicht aus Blättern bedeckt. Nirgendwo fand sich fester Halt. Franz hatte hier einen Baum entdeckt, der in Schieflage geraten war. Der Stamm stand schräg vom Hang weg und sah aus, als würde er gleich umstürzen.

Erst verstand ich nicht, was er vorhatte, doch ich folgte seinen Hilferufen, und tatsächlich: Mithilfe eines altes Feuerwehrseils wollte er den schiefen Baum an einem anderen befestigen, der seinerseits aufrecht und stabil im Hang verankert stand. Das Seil stammte aus dem letzten Jahrtausend, war unendlich dick und tonnenschwer. Auch die Bäume ließen sich kaum bewegen. Genauso gut hätten wir einen Flussdampfer den Hang hinaufziehen können. Ich wunderte mich, verstand Franz nicht, hielt seinen Versuch für sinnlos. Doch er wollte eine Idee umsetzen und brauchte dabei Hilfe. Meine Meinung war hier nicht gefragt.

Am Ende ging alles gut aus. Franz band die beiden Bäume zusammen, und als er verschwitzt mit sei-

nem ungekämmten Haar vor mir stand und mich überglücklich umarmte, dachte ich nicht mehr an Fitzcarraldo und sein Opernhaus im Dschungel, sondern freute mich für ihn. Sein Rettungsversuch war gelungen.

Der Tanne, die den Hang oberhalb der unteren Hütte krönte, konnte er nicht helfen. Eines Tages lag die Spitze des Baumes in Antons Tal, das sich dahinter entlangstreckte. Sie musste bei einem Sturm abgebrochen sein. Franz war untröstlich. Wütend zersägte er sie mit der Kettensäge, legte das Holz zum Trocknen unter die untere Hütte und rieb sich den frischen Baumharz von den Fingern. Wenigstens Wärme sollte das Unglück uns bringen, wenn das Holz getrocknet war.

Ähnlich erging es ihm mit der alten Kirsche, die in dem Waldstück links von der Einfahrt am Berg gestanden hatte. Sie war dicht begrünt und übervoll mit erntereifen Früchten. Stamm und Äste waren hoch und kräftig gewachsen, bedeckt mit der gewohnt fleckigen Rinde. Der Baum hatte eine vollkommene Silhouette gebildet, als er noch aufrecht stand, perfekte Harmonie. Er schien unumstößlich. Warum er plötzlich sein Gleichgewicht verloren hatte, war nicht im Geringsten nachzuvollziehen.

Diesmal löste der Anblick sogar bei mir Entsetzen aus. Verzweifelt pflügte ich mich durch das dichte Gestrüpp aus dunkelgrünem Laub, das nun den

Boden bedeckte, und fahndete nach genießbaren Früchten. Der Baum musste einige Tage gelegen haben, als ich ihn vorfand. Viele Kirschen waren schon angefressen und, mehr noch, hatten angefangen zu faulen. Ich wählte nur die besten aus, empfand Ehrfurcht vor ihrer Vollkommenheit und Anmut. Sie waren glutrot und herzförmig, hatten dichtes süßes Fleisch. Man konnte hineinbeißen wie in einen Apfel. Die letzte Ernte.

Ich konnte nicht verstehen, warum ich den Baum nicht früher entdeckt hatte. Wir hätten ihn im Juni oder Juli regelmäßig abernten können. Dann wäre er möglicherweise nicht zerbrochen. Die Früchte wogen viel und schwer. Doch er stand an einer steilen Stelle, die nur schwer erreichbar war. Der felsige Untergrund gab den Bäumen mangelhaft Halt. Außerdem verlief unweit davon ein Wildwechsel, dem ich seinen eigenen Respekt zollte. Ich wollte die Rehe nicht stören und fürchtete, der Geruch meiner Stiefel könnte ihnen Angst einjagen. So blieb der Baum verborgen, gedieh unbekümmert im Schatten, teilte seine Ernte nur mit Vögeln und Insekten.

Einen Sommer lang schwelgte ich in Springkraut. Für dieses Gewächs schien das Klima am Kyffhäuser ideal zu sein. Auf dem *Jägersteig* oberhalb unseres Grundstücks wuchs es derart dicht, dass mein Wanderweg Richtung Kyffhäuserdenkmal ganz schmal geworden war. Dicht an dicht standen rechts und links von mir die schnell wachsenden Stiele mit ihren zarten Blättern und den kleinen, gelben Blüten. Wo nur ein Funke Sonne hinfiel und der Boden gleichzeitig ein wenig feucht war, schäumte es förmlich auf. Es reichten schon die Pfützen auf den breiten Waldwegen, zurückgelassen von den schweren Fahrzeugen, die Holz transportiert hatten.

Franz empfand es als störend, besonders in den Beeten, und riss es mit ausholender Geste aus der Erde. Für ihn war es Unkraut, das seine Anpflanzung beeinträchtigte. Mich erinnerte es an meine Kindheitstage und weckte zahlreiche Bilder. Schon in den Londoner Jahren, aber auch später in Bonn und Brüssel, wenn wir die Ferien bei meiner Großmutter im Allgäu verbrachten, freuten wir uns an den witzigen Früchten. Auch in Tirol liefen meine Geschwister und ich um die Wette, sobald wir Springkraut sahen und griffen nach den Spitzen. Schon bei der kleinsten Berührung zersprangen sie, und die Samen verteilten sich meterweit. Wir erschraken furchtbar, wenn das gelang, und schrien gleichzeitig vor Freude, weil sie uns an den Fingerspitzen kitzelten.

Mein Mutter nannte die Pflanze »Rühr mich nicht an!« und hob warnend den Zeigefinger, um uns vor dem Schreck zu bewahren, aber wir ließen uns nicht davon abbringen. Der passendere Name wäre sicher »Fass zu!« gewesen, denn wenn es niemand berührte, hatte das Kraut keine Chance auf Fortpflanzung.

Mich faszinierte seine Sprengkraft. Nach diesem Vorbild sollte man Fallschirme, Airbags oder Regenschirme bauen. Sobald die Samen aus dem Springkraut herausgesprungen waren, rollten die Spitzen sich säuberlich ein und fielen ab. Die Pflanze hatte keinen Ballast mehr und konnte noch höher wachsen, den Wanderer mit ihrem Grün beglücken.

Ich streiche mit der bloßen Hand darüber hinweg, spüre das Platzen und Springen. Glucksendes Lachen und Rufen im Park, unbeschwerte Kindheit bei den Großeltern oder in den Bergen. Immer scheint die Sonne, ist die Luft angenehm warm. Wohlsein und Zufriedenheit.

Kapitel XIII

Borkenkäfer und Hamsterplage

Die Ankunft des Borkenkäfers kündigte sich schon ein Jahr zuvor an. Plötzlich bestand der ganze Boden nur noch aus Baumnadeln. Zunächst gefiel mir das gut. Ich lief wie über einen eleganten Teppich durch den Wald. Der Schritt war gedämpft, und die Nadeln knackten leise, wenn sie unter meinen Füßen zerbrachen.

Doch der Grund für die Veränderung war dramatisch. Die Bäume waren über die Jahre, in denen im Sommer zu wenig Niederschlag gefallen war, vertrocknet. Sie begannen zu sterben. Hinzu kamen die hohen Temperaturen. 2018 war ein solch regenarmes und heißes Jahr. Schon im April zog es die Menschen an die Badeseen. Über Mai und Juni wurde es konstant wärmer, keine Eisheiligen bremsten das Nahen des Sommers. Auch die Schafskälte war kaum zu bemerken. Bald wurde es nicht mehr Wärme genannt, was draußen herrschte, sondern konnte nur als Hitze bezeichnet werden. Die Menschen litten. Und die Natur ebenso.

Es blieb nicht bei dem einem Jahr. Es folgten mehrere davon, und gerade das war für die Natur nicht zu verkraften: Eine stete Folge von sehr trockenen, heißen Jahren. 2020 herrschte ein weiteres Mal wochenlang Hitze. Die Wiese vor der unteren Hütte, die der Sonne schutzlos ausgeliefert war, verwandelte sich in gelbes Stroh. Kein einziger grüner Halm war mehr darin zu entdecken. Die Trockenheit war auch für die Bäume nicht aushaltbar. Sie wurden schwach und wehrlos.

Dann kam der Schädling, und er hatte leichtes Spiel. Binnen kürzester Zeit verbreitete er sich, rasend schnell und ungeheuer weit. Besonders die Fichten waren davon betroffen. Ihr eigentlicher Lebensraum waren höher liegende Gefilde. Dort wären sie vom Borkenkäfer verschont geblieben. Doch da diese Nadelbäume schnell wachsen und dann bald brauchbares Nutzholz bieten, wurden sie flächendeckend in den Niederungen angepflanzt, besonders im Harz. Die Monokultur war dem Klimawandel schutzlos ausgeliefert.

Im Kyffhäuser herrschte noch traditioneller Mischwald vor. Hier wuchsen die Fichten nur an einzelnen Stellen. Doch ausgerechnet an dem Hang, der dem Schattengarten gegenüberlag, befand sich ein derartiger Ort. Ständig war das Geräusch pausenlosen Nieselns zu hören. Es regnete Nadeln. Plötzlich ragten die Bäume stumm und leer in den Himmel, die Äste waren kahl, ausgedörrt spreizten sie sich in alle vier Himmelsrichtungen. Kein Rauschen war mehr zu hören, wenn der Wind durch die Zweige strich, kein Seufzen und Knarren. Es herrschte absolute Stille.

Als nächstes fielen die Rinden ab. Die Stämme verloren ihre Kleider. Nackt und bloß standen sie in der Gegend herum, waren Unwettern schutzlos ausgeliefert. Wenn ein Sturm kam, knickten die mageren Exemplare sofort ab, donnerten zu Boden. Ihr Krachen warf ein Echo durch den ganzen Wald. Dann lagen sie über den Hang zerstreut, als sei Barbarossa mit seinem roten Bart aus dem Berg herausgeklettert und habe Mikado gespielt.

Die Bäume hatten ihre Kraft und Anmut verloren, selbst jene, die genug Halt hatten, um stehenzubleiben. Sie waren bedeutungslos geworden, konnten keinen Schatten mehr spenden, keinen Trost und keine Freude. Ihre Pracht und Güte waren vergangen, ja, sie lösten Sorge und Angst aus, denn wenn sie umfielen, zerschlugen sie alles, was ihnen im Weg stand. Auch die nackten Baumriesen auf dem gegenüberliegenden Hang, einem Grundstück, das Franz nicht gehörte, waren eine solche Bedrohung. Wären sie auf eine der beiden Hütten gefallen, hätten sie großen Schaden angerichtet.

Immerhin behielten sie ihre Farbe, standen im darauffolgenden Frühjahr in sanftem Rot zwischen dem wuchernden Grün. Wenn die Sonne sich senkte, glommen sie auf wie brennende Stäbe. Während alles andere in ihrer Umgebung bereits an Farbe und Kontur verlor, verbreiteten die alten Riesen noch in der Dämmerung ihren rosigen Schimmer. Alles hat seine Schönheit, sogar die Katastrophe, dachte ich.

Franz wollte davon nichts hören. Immerzu machte ich ihn auf Besonderheiten aufmerksam, Neuheiten, die ich all den Schrecklichkeiten zum Trotz im Wald entdeckt hatte. Ich verwies auf die Lichtungen, die durch den Holzbruch entstanden waren, die frischen Triebe, die aus dem Boden schossen. Als die Hitze in den Folgejahren nachließ und der Regen zurückkehrte, wuchsen auf einmal überall hellgrüne Sträucher und dichtes Gras. Auch unsere Zufahrt verwandelte sich in eine lichte Gegend. Keine Spur mehr von der Düsterkeit, die mich bei meinem ersten Besuch so geschreckt hatte. Bepackt mit unseren Einkäufen, schritten wir jetzt über grüne Fluren den Berg hinauf. Der Boden federte unter den Schuhen. Endlich gab es mitten im dunklen Kyffhäuserwald einen gepflegten Park.

Während ich langsam zum Grundstück hinauflief, malte ich mir aus, ich hätte unzählige Angestellte, die nur darauf warteten, mich willkommen zu heißen. Gerade löste sich mein Lieblingsgärtner in grüner Schürze aus der Schar, kam mir entgegen und nahm mir die schweren Taschen ab. Ob denn die Länge der Halme so recht sei, Madame?, fragte er mich in meinem Tagtraum höflich. Oder solle er sie lieber kürzer schneiden, den Rasen ein weiteres Mal mähen, die Ränder begradigen?

Ich erzählte Franz von meinem Vorfahr, Carl Graf von Brühl, der im 18. Jahrhundert eine Ausbildung zum Forstmeister im Harz absolviert hatte. Schon damals sei der Wald vom Borkenkäfer heimgesucht worden, berichtete ich ihm. In den alten Chroniken könne man es nachlesen: *Buchdrucker* und *Kupferstecher* und wie sie alle heißen richteten immensen Schaden an. Danach habe sich der Baumbestand wieder erholt, sei der Harzwald neu gewachsen, die ursprüngliche Dichte wiederhergestellt worden.

Doch Franz ließ sich auch damit nicht trösten. Seine geliebten Bäume waren gestorben, und es gab keinen Ersatz. Er könne den Anblick nicht ertragen, ihm nicht das geringste Positive abgewinnen. Die unbeschwerten Zeiten waren für immer vorbei. Dort draußen herrschte Krieg, der Käfer hatte angegriffen und alles vernichtet. Jahrzehnte würde es dauern, bis die Bäume mit ihren lustig winkenden Wipfeln und den duftenden Tannennadeln zurückgekehrt wären. Bis dahin würde er längst nicht mehr leben. Die liebvertrauten Umrisse, die sie wie Scherenschnitte in den Himmel zeichneten, waren für immer verschwunden. Im Schattengarten gab es keinen Schatten mehr.

Wütend und traurig machte sich Franz an den Bau einer weiteren Zisterne. Sie war doppelt so groß wie ihre beiden Vorgängerinnen und befand sich unweit vom Eichenhain, am obersten Rand des Grundstücks. Tief grub er sich in den Boden hinein, schaufelte schwungvoll die Erde beiseite, arbeitete sich systematisch vor. Er begradigte die Wände, klopfte sie mit dem Spaten fest und sicherte sie mit starker Folie.

Ein drittes Mal folgten lautstarke Telefonate mit dem älteren Bruder, wieder galt es, Rat einzuholen. Diesmal hörte ich das Rufen gerne, denn es war ein Zeichen dafür, dass Franz wieder Mut gefasst hatte. Er konnte dem Grauen etwas entgegensetzen. Die Aushöhlung wurde mit einem Material abgedeckt, das wie Wellblech aussah, sich aber farblich nicht vom Waldboden unterschied. Es hatte die hilfreiche Eigenschaft, das Regenwasser nicht nur aufzufangen, sondern darunter direkt in die Zisterne zu leiten. Dadurch gewann Franz eine wesentlich größere Menge und konnte Vorräte anlegen.

Das Beste an dieser neuen Konstruktion war die Leitung, die von dort zur unteren Hütte verlief. Dank des starken Gefälles, brauchte Franz keine Pumpe. Er schraubte einen Hahn ans Ende, stellte die Gießkanne darunter, drehte den Verschluss auf, und das Wasser sprudelte nur so hervor. Ein sichtlich erfrischender Anblick. Mehrfach führte Franz es mir vor, zeigte stolz, mit welchem Druck das Wasser herauskam.

Lachen konnte Franz über die Folgen des Klimawandels erst, als er von den Hamstern von Artern hörte. Eine Population von über tausend Tieren hatte sich dort angesiedelt und verhinderte die Ausschreibung eines Industriegebiets.

Artern liegt einige Kilometer vom Kyffhäuser und dem Stausee entfernt, doch die Stadt war Franz wohlbekannt. Die Niederschlagsmengen und Temperaturen, die dort gemessen und in den Wetternachrichten verlautbart wurden, passten auch auf sein Waldgrundstück. Wenn die Wasserstandsangaben in Artern sanken, wurde es kompliziert. Dann herrschte Katastrophenstimmung im heimatlichen Berlin.

Man glaubt es nicht: Hamster! Ich hatte als Kind selbst ein solches Felltierchen besessen. Es hatte Nicki geheißen und nachts mit seinem Laufrad solchen Lärm gemacht, dass ich es ins Badezimmer verbannte. Gemeinsam mit meinen Geschwistern beobachtete ich entzückt, wie Nicki mit seinen Pfoten die Körner aus den Backen drückte, die er darin gesammelt hatte. Manchmal holten wir ihn aus seinem Käfig heraus und ließen ihn im Bad frei herumlaufen. Dabei hielten wir die Zimmertür fest verschlossen, damit er uns nicht entwischte. Wir wussten, dass es draußen viel zu kalt für ihn gewesen wäre.

Doch nun herrschten andere Verhältnisse. Eine Truppe von tausend Hamstern behinderte im nahegelegenen Artern den wirtschaftlichen Fortbestand. Ein Tier, das sonst nur an Wüstenrändern oder in der heißen Steppe lebte, hatte sich nördlich der Alpen angesiedelt und derart rasch fortgepflanzt, dass es jetzt aufwändig umgesiedelt werden musste, denn Hamster sind hierzulande streng geschützt. Die Geschichte erschien Franz derart absurd, dass er nur lachen konnte. Genauso gut hätte man darüber in Tränen ausbrechen können.

Mir gefiel die Geschichte mit den Hamstern, denn sie erinnerte mich an meinen Kampf gegen die Wühlmäuse. Ich hatte ihn längst aufgegeben. Sollten sie doch bleiben, hatte ich beschlossen, sollten sie leben, wo sie wollten, den Wald bevölkern und ja, meinetwegen sogar den Schattengarten.

Allein in die Hütte durften sie nicht. Das wussten sie genau.

Eines Tages verirrte sich ein Exemplar davon zu mir, sprang lustig in ihrem braungrauen Fellgewand über die Schwelle und flitzte unter den Kühlschrank. Die Sonne schien, die Luft war mild. Deshalb hatte ich die Tür offenstehen gelassen.

Ich sah die Maus sofort und stampfte wütend mit dem Fuß auf. Mein schwerer Feuerlöschschuh mit den tiefen Riefen machte auf dem Holzboden einen Höllenkrach. Die Maus horchte spürbar auf. Dann sprach ich Klartext: Du oder ich! Kein Pardon! Ab sofort! Für immer und ewig! Draußen gerne, aber nicht im Haus!

Sie verstand auf Anhieb. Flugs machte sie kehrt und verschwand ins Freie. Ich kann mich irren, doch ich denke, sie lächelte mir dabei beschwichtigend zu, gab mir zum Abschied ein Zeichen mit der Pfote. Nie wieder habe ich eine Wühlmaus in der Hütte gesehen.

Irgendwann wurden die toten Bäume vom gegenüberliegenden Hang gefällt. Sorgfältig gingen die Forstarbeiter dabei vor, steuerten mit Keilen und Seilen den Fall. Als wir auf das Grundstück zurückkehrten, entdeckten wir die nackten Stämme auf dem Boden. Auch Äste und Zweige waren den Hang entlang aufgestapelt. Ausgedünnt präsentierte sich der gegenüberliegende Hang danach in strahlendem Sonnenlicht.

Gleichzeitig mussten wir uns keine Sorgen mehr um unsere Hütten machen. Und noch etwas gelang, was keiner jemals für möglich erachtet hatte: Wir fanden den goldenen Ring im Gras. Einem Freund von Anton fiel plötzlich ein fremder Gegenstand in der Wiese auf, er griff danach, und tatsächlich: der gesuchte Fingerschmuck.

Wir waren allesamt wie betört vor Glück. Allein weil das Gras in der Hitze nicht mehr dicht und grün, sondern mager und gelb geworden war, konnte man plötzlich durch die Halme bis zum Boden sehen. Die Trockenheit hatte mir den Ring zurückgebracht. Ich hatte es immer gewusst: Er war nie verloren gewesen.

Kapitel XIV

Baden in der Wildnis

Der Vorteil der anhaltenden Hitze war, dass ich häufig schwimmen gehen konnte. Dafür gab es rund um den Kyffhäuser viele Möglichkeiten. Ich hatte sie über die Jahre alle ausprobiert und wählte je nach Stimmung eine davon aus.

Am nächsten befand sich der Stausee, doch er war nicht sonderlich attraktiv. Er war derart flach, dass man, ähnlich wie am Balaton, meterweit durchs Wasser waten musste, bis man endlich schwimmen konnte. Darüber hinaus war der Boden mit Kieselsteinen ausgelegt, was wirklich weh tat, wenn man lange barfuß laufen musste. Ich hätte mir Badeschuhe mitbringen müssen, doch wer denkt schon daran. Legte ich mich ins Wasser und bewegte mich schwimmend fort, stießen meine Knien am Boden auf. Das war erst recht nicht angenehm.

Interessant erschienen mir am Stausee allein die Camper. Es waren extrem viele, sie hatten sich dauerhaft eingenistet und kannten sich alle seit Jahren. Die meisten sprachen sich mit Vornamen an und duzten sich kumpelhaft, lachten laut, wenn sie sich wiedersahen, und schlugen sich zur Begrüßung mit der flachen Hand auf den Rücken, als sei ihr Gegenüber ein Pferd.

Besonders wuchs ihre Zahl, wenn das jährliche Hymer-Treffen anstand. Dann reisten sie aus allen Himmelsrichtungen an, verstopften die Landstraße, bogen träge in die Einfahrt zum Campingplatz und feierten bis tief in die Nacht. Die Musik, die sie hörten, war bis hinauf in den Wald zu vernehmen. Das Fest entbehrte nicht einer gewissen Absurdität. Die Menschen, die sich hier versammelten, hatten nur eines gemeinsam: Sie nutzten jeder einen Wohnwagen derselben Marke.

Obwohl die Anfahrt länger dauerte, fuhr ich lieber an die Kiesgrube. Das Wasser war glasklar, die Temperaturen erfrischend, weil die Grube sehr tief ist, und rund um den See wuchs sorgfältig gemähter Rasen. Der Eintritt kostete praktisch nichts, die Kinder und ich wurden begrüßt wie alte Bekannte. Der Bademeister schien sich persönlich über jeden einzelnen Besucher zu freuen.

Wir suchten uns einen Platz auf der abschüssigen Wiese, breiteten unsere Bastmatten aus und wechselten die Kleider. Ein Steg aus verblichenen Holzplanken wies in den See hinaus. Von dort sprangen die Kinder direkt ins Wasser. Ihre Freunde folgten und schwammen mit ihnen um die Wette.

Der See erinnerte mich an die Zeit, in der ich die Sommerferien regelmäßig mit Geschwistern, Vettern und Cousinen bei meiner Großmutter im Allgäu verbrachte, unserer geliebten Großmama. Obwohl sie mit meinem Großvater in einem hochherrschaftlichen Schloss wohnte, war sie nahbar und liebenswürdig. Sie liebte Kinder und wollte, dass wir in ihrer Gegenwart vollkommen glücklich waren. Daher machte sie uns das Leben so angenehm, wie nur irgendmöglich. Tagsüber durften wir spielen, was wir wollten, und zum Mittagessen gab es ausschließlich Gerichte, die wir gerne aßen. Sie wurden bei der Köchin in Auftrag gegeben und eigens für uns in der Schlossküche zubereitet.

Bis Mitternacht spielte Großmama mit uns Karten oder legte Puzzle. Dabei fragte sie uns aus und nahm Anteil an unseren Sorgen. Nach dem Frühstück schickte sie uns in den Park, wo wir uns austoben konnten. Dort befand sich ein Gartenhaus mit Walmdach, in dem die Tische und Stühle, Liegen und ein Sonnenschirm untergebracht waren, die in der kalten Jahreszeit nicht benötigt wurden, der sogenannte Gartensalon. Unweit von dort lag der schlosseigene See, umgeben von Schilf und dicht bewachsen mit Seerosen. An einer Stelle hatte meine Großmutter das Ufer beräumen und einen eigenen Steg anlegen lassen, dazu ein hölzernes Bassin, das im Wasser ruhte. Darin konnten wir alle, wenn es warm genug war, besonders die Kleinen, gefahrlos herumplanschen. Die Angst, einer von uns könnte ertrinken, war omnipräsent. Meine Großmutter hatte nie schwimmen gelernt.

Mein Vater schwang sich auf den Rand des Bassins, sprang von dort federnd in den See und verschwand kopfüber in den Fluten. Wehmütig sah ich ihm hinterher, wie er bis ans andere Ufer schwamm und uns übermütig zuwinkte. Zu gerne hätte ich es ihm gleichgetan.

Doch mir war auferlegt worden, drei Runden im Bassin zu schwimmen, und das ohne Unterbrechung. Erst dann hätte ich auch in den See hinaus gedurft. Ich gab mir also jede Mühe, paddelte wie ein Hund mit Händen und Füßen, denn das Bassin war klein, das Wasser viel zu flach. Auch hier stieß ich mit den Knien auf den Boden. Allein deswegen brach ich die dritte Runde ab. Prompt hatte ich das Ziel verwirkt. Ich war zutiefst enttäuscht.

Nach dem Bad in der Kiesgrube am Kyffhäuser lag ich auf meiner Matte und beobachtete die anderen Gäste. Die Kinder vergnügten sich im Wasser. Der Bademeister hatte über den Sandkasten ein Sonnensegel gespannt. Selbst das erinnerte an den Klimawandel. In meiner Kindheit war es ein steter Kampf gewesen, überhaupt baden gehen zu dürfen. Meist scheiterte das an den Außentemperaturen. Es war oft zu kalt gewesen.

Eine Gesellschaft älterer Damen und Herren hatte sich vornehm in den Schatten zurückgezogen. Sie saßen wohlgebräunt in Badekleidung auf der Wiese, manch einer hat sich einen bunt gestreiften Klappstuhl mitgebracht, andere eine Liege. Während die Damen sich bemühten, ihre altersbedingte Leibesfülle unter bunten Schwimmanzügen zu verbergen, zeigten die Herren stolz ihre sagenhaften Bäuche. Ob das die Herrschaften waren, denen ich bereits im Supermarkt begegnet war? Einige von ihnen balancierten einen schmucken Strohhut auf dem grauen Haar und trugen eine dunkle Brille auf der Nase, viele Damen hatten sich die Lippen sorgfältig rot angemalt. Obwohl die Sonne hoch am Himmel stand, genehmigten sich einige von ihnen bereits ein erstes Bier.

Die wenigste Zeit ihres Aufenthalt verbrachten diese Senioren im Wasser. Vielmehr waren sie gekommen, um sich miteinander zu unterhalten. Das war ein Schwatzen und Schwätzen, ein Zwitschern und Raunen, da wurde mehr miteinander ausgetauscht, als je in einer Zeitung oder Ortschronik zu finden wäre. Von weitem hörten sie sich wie eine Schar Spatzen an. Sogar der Bademeister hatte sich hinzugesellt.

Ein dritter See befand sich nahe der Bahnanlage. Wir entdeckten ihn erst nach vielen Jahren. Franz verbrachte die Zeit inzwischen häufig allein im

Wald. Das Zusammenspiel zwischen Gartenarbeit und künstlerischem Schaffen war für ihn ideal. Am liebsten hätte er den gesamten Sommer am Kyffhäuser verbracht. Also besuchte ich ihn mit dem Zug. Die Kinder waren selbständig geworden, und ich konnte sie unbesorgt allein lassen.

Verlegen lächelnd holte Franz mich am mit Graffiti übersähten Bahnhof im Tal ab, verlegen, weil seine grüne Gartenhose, die ich ihm einmal geschenkt hatte, mit roter Erde verschmiert war, er nach Rauch und Schweiß roch. Die bloßen Füße steckten in ausgetretenen Ledersandalen.

Ich hingegen trug mein buntes Sommerkleid, dazu eine passende Wolljacke und offene Schuhe, die Fußnägel rot lackiert. Der Unterschied zwischen seiner und meiner Aufmachung konnte größer nicht sein, doch beim Betrachten seiner schmutzigen Sachen lächelte ich ebenfalls. Wahrscheinlich hatte er auf dem Grundstück ein neues Mäuerchen gebaut, einzelne Steine mit Hilfe von nasser Erde zusammengefügt und miteinander verankert. Es ist unmöglich, sich dabei nicht schmutzig zu machen.

Ein Weile lang umrundeten wir den See und suchten einen geeigneten Zugang. Er lag unberührt im Abendlicht, über der Oberfläche schwebte eine samtige Schicht aus Dunst. Schließlich fanden wir eine passende Stelle, ich zog mich rasch aus und ging hinunter. Franz wollte lieber eine Zigarette rauchen und blieb am Ufer sitzen.

Das Wasser war warm, eine angenehme Überraschung nach der kühlen Zugfahrt. Ich tauchte unter und ließ es über mein Gesicht laufen, die Haare und Schultern. Dann stieß ich mich vom sandigen Boden ab und schwamm hinaus. Das Licht war trüb, ich konnte in der Dämmerung nicht viel erkennen. Die Brille hatte ich bei meinen Anziehsachen zurückgelassen. Mit ausholenden Armbewegungen zog ich in die Mitte des Sees, legte mich auf den Rücken und ließ mich tragen. Meine Ohren waren unter Wasser, und ich genoss die absolute Stille. Der Himmel war blassblau, als wolle er sich entfernen, die wenigen Wolken trugen goldrote Ränder. Ich sah ein Flugzeug, das einen hellen Streifen hinter sich her zog. Der Abendstern war aufgegangen. Mein Kopf summte, als habe der lange Arbeitstag darin ein Echo hinterlassen. Ich hörte auf meinen Atem und wurde allmählich ruhiger.

Plötzlich bemerkte ich ein Rufen, Pfeifen und Schreien, es kam vom Ufer, aber ich verstand nicht, worum es ging. Offenbar war ich Anglern in die Schnüre geraten. Ich hatte nicht einmal bemerkt, dass sie am Ufer saßen, geschweige denn ihre Leinen erkannt. Rasch drehte ich mich wieder auf die Vorderseite und schwamm in eine andere Richtung, schlug einen weiten Bogen und kehrte allmählich

zu der Stelle zurück, wo ich ins Wasser gestiegen war. Schon erkannte ich sie im Dämmerlicht nicht mehr, doch dann sah ich Franz und schwamm erleichtert auf ihn zu. Er trug ein helles Hemd.

Wir schlichen davon, um die Angler nicht weiter zu stören, stiegen leise ins Auto. Inzwischen war es fast vollständig dunkel geworden, nur der Himmel zeigte noch zarthelles Licht. Während Franz die Landstraße entlangbrauste, erzählte er mir aufgeregt, was er in den letzten Tagen alles neu angebaut hatte. Ich war ihm dankbar, denn oben auf dem Grundstück würde nicht mehr viel davon zu erkennen sein. Der dritte Versuch, eine Rotbuche anzupflanzen, sei nun jedenfalls gelungen, berichtete er mir. Bevor er an den Bahnhof gekommen sei, um mich abzuholen, habe er noch jede Pflanze gegossen und dabei festgestellt, wie prächtig die Buche sich entwickelt habe. Offenbar kam sie mit wenig Wasser aus.

Auch vom Rhododendron, dem einzigen Exemplar, das übriggeblieben war, berichtete er mir eifrig. Nur gut, meinte er, dass er dafür einen Platz im Schatten gewählt hatte. Das sei für diese Pflanze eben unabdingbar. Jetzt wuchs sie dort zuverlässig vor sich hin.

Ich hörte seiner Stimme zu und freute mich mit ihm über seine Erfolge. Er sollte ein persönliches Garten-Tagebuch anlegen, dachte ich, in dem er nicht nur die Ergebnisse festhielt, wie in dem Gästebuch, sondern auch seine Vorhaben und Pläne. Ähnlich hatte Sackville-West eine Agenda zu Sissinghurst geführt, jede Veränderung darin schriftlich festgehalten, ihrem Mann in ihren Briefen ausführlich davon berichtet.

Nicolson führte ein eigenes Memoire, in dem er die Entwicklung des Gartens akribisch dokumentierte. Zu Neujahr ließ er die Ereignisse des vergangenen Jahres Revue passieren und beschrieb zufrieden die vielen größeren und kleineren Fortschritte. Dazwischen finden sich haltlose Liebeserklärungen an seine Ehefrau. Er nennt sie »Viti« in seinen Briefen und beschreibt, wie restlos glücklich er an ihrer Seite in Sissinghurst sei. Mit keiner Frau sei er lieber verheiratet als mit ihr.

Die Liebe der beiden zu diesem Anwesen war derart groß, dass sie an einem Tag, unabhängig voneinander, dieselbe Blumenart bestellt hatten, es handelte sich um klassische Lilien. Vita hatte dreihundert Stück bestellt und Harold dieselbe Anzahl noch einmal dazu. Als die Lieferung ankam, wussten sie sich zunächst keinen Rat, doch am Ende fand sich wider Erwarten doch genug Platz für die unermessliche Menge an Blumen.

Sackville-West formulierte daraus prompt ein eigenes Credo. Sie sei grundsätzlich für Übertreibung, schrieb sie, für große Gruppen und ausschweifende Formen. Zwölf Tulpen zusammen seien eindrucksvoller als je sechs in zwei verschiedenen Beeten. Ebenso sei die Wirkung größer, wenn man Rittersporn zusammen an eine Stelle pflanze, anstatt ihn zu verteilen.

Ich erinnerte mich an den Plan, den ich von diesem Garten kannte. Er war schlicht und unauffällig, bestand aus zarten Linien und knappen Bezeichnungen, doch wer ihn sich ansah, hatte das Gefühl, einen Schlüssel in der Hand zu halten. Die Tür, zu der dieser Schlüssel passte, öffnete sich zu einem Zauberreich, in dem jeder, der es betreten durfte, einen Augenblick lang in seinem Leben restlos zufrieden war.

Ähnlich empfand wahrscheinlich Franz, dachte ich, während ich im Auto neben ihm saß. Er hatte in der unwirtlichsten Gegend des Landes einen romantischen Garten geschaffen und wünschte sich nichts anderes, als dass wir dort glücklich waren, zufrieden und dankbar.

Kapitel XV

Der Schlosspark von Wechselburg

Meine Großmutter stammte aus Schloss Wechselburg, einem Anwesen der Grafen von Schönburg-Glauchau in Westsachsen. Da es nicht weit vom Kyffhäuser entfernt liegt, machte ich bisweilen einen Ausflug dorthin. Besonders gerne besuchte ich den weitläufigen Park. Er liegt, gleich einer Hügellandschaft en miniature, inmitten einer Schleife der sächsischen Mulde und zieht sich hinauf bis auf eine breite Anhöhe, auf der das Schloss und der Ort samt zweier Kirchen thronen. Eines der beiden Gotteshäuser, die Basilika, stammt aus dem 12. Jahrhundert und zieht wegen ihres romanischen Lettners mit seiner Triumphkreuzgruppe zahlreiche Besucher an.

Mit Anfang zwanzig heiratete meine Großmutter und zog zwischen den beiden Weltkriegen ins Allgäu, wo mein Großvater die Verantwortung für den Besitz seiner Eltern übernommen hatte. Wegen dieser neuen Zugehörigkeit hieß sie mit Nachnamen fortan Waldburg-Wolfegg, verbrachte ihr weiteres Leben in Bad Waldsee und setzte sechs Kinder in die Welt. Zur Geburt ihrer ersten Tochter, die als zweite in der Reihe ihrer Geschwister geboren wurde, zog sie vorübergehend zurück in ihre sächsische Heimat. So kam es, dass meine Mutter in Wechselburg geboren wurde.

Der Park rund um das Anwesen birgt ähnlich prächtige Rhododendren wie Kew Gardens. Wie Urzeitgeschöpfe ruhen die gewaltigen Büsche, ganze Kugelbauten aus Blättern und Blüten, auf der Wiese. Als ich Wechselburg nach der Wende zum ersten Mal besuchte, war bereits später Nachmittag. Die Sonne warf schräge Strahlen, das Licht wirkte versonnen und tauchte Bäume und Sträucher in matte Farben. Eine solche Beleuchtung kannte ich nur aus Träumen. Ich begrüßte die Rhododendren wie alte Bekannte, wollte mit den Fingerspitzen ihre Blüten berühren. Obwohl ich sie nie zuvor gesehen hatte, kam mir die Begegnung wie ein Wiedersehen vor.

Wie lange war es wohl her, seit diese Büsche gepflanzt worden waren, fragte ich mich. Sie hatten sich ausgezeichnet entwickelt. Ganz offensichtlich gab es Bedingungen, unter denen diese Art Pflanzen deutlich besser gedieh als andernorts. Und das war, wie sich angesichts dieser eindrucksvollen Exemplare leicht einsehen ließ, keinesfalls eine Katastrophe.

Ende des Zweiten Weltkriegs musste die Familie das Land verlassen. Mein Urgroßvater verstarb 1943 in Sachsen, und die Urgroßmutter flüchtete zu meiner Großmutter ins Allgäu. Dort starb sie selbst wenige Jahre später, ohne die Heimat jemals wiedergesehen zu haben. Meine Großmutter erzählte mir häufig von ihren Vorfahren, als müsse die Erinnerung an sie dringend bewahrt und weitergegeben werden, denn der Besitz, ihr eigentliches Zuhause, ging für immer verloren. Sie pflegte ein inniges Verhältnis zu ihren Geschwistern und erzählte mir auch von ihnen viele Geschichten, besonders von ihrer Schwester Franziska, die beim Roten Kreuz arbeitete und nach dem Krieg in Sachsen zurückgeblieben war. Jahre später kam diese Schwester bei einem Autounfall ums Leben.

Trotz dieser traurigen Umstände, waren die Erzählungen meiner Großmutter fröhlich und voller Witz. Das lag daran, dass in ihrer Herkunftsfamilie viel gescherzt und gelacht wurde. Wenn die Großmutter von ihrer Kindheit berichtete, fing sie selbst an zu lachen, und konnte bald gar nicht mehr aufhören. Tränen liefen ihr über die Wangen, sie griff nach dem Taschentuch und setzte ihre Brille ab, um sie zu trocknen. Wir lachten alle mit, derart ansteckend wirkte ihre Freude, besonders die Jüngeren von uns. Sie ließen die Holztiere zurück, mit denen sie am Boden gespielt

hatten, standen auf und stellten sich neben meine Großmutter, legten ihre kleinen Hände auf ihre Knie und sahen ihr staunend zu. Dann fingen sie ebenso an zu lachen.

Von unbeschwerter Kindheit und Jugend zeugten auch die Fotoalben meiner Großtante, die ich bisweilen durchblätterte. Die Aufnahmen darin waren winzig klein, allesamt in Schwarzweiß, und die Menschen, die darauf abgebildet waren, sahen alle gleich aus. Mit klitzekleiner Schrift hatte meine Großtante die Namen der Abgebildeten darunter vermerkt. Sie standen einander untergehakt in langer Reihe nebeneinander, trugen lange Mäntel mit Hüten und machten strahlende Gesichter. Es waren kreuzfidele Menschen.

Während ich durch den Park von Wechselburg spazierte, dachte ich über meine Großmutter nach und ließ die Geschichten, die sie mir mitgegeben hatte, Revue passieren. Von den prächtigen Rhododendren war darin nie die Rede gewesen. Sie gehörten wie selbstverständlich zu ihrer Wirklichkeit dazu.

Auch meine Mutter erzählte mir nicht davon. Vielmehr teilte sie ihre Erinnerung mit mir, indem sie meine Geschwister und mich in die Londoner Parks führte, in denen ähnlich prächtige Exemplare zu sehen waren. Auf diese Art und Weise lernte ich diese Büsche lieben, wurde ich ein Teil der Zusammenhänge, in denen meine Mutter aufgewachsen war.

Mein Spaziergang durch die Wechselburger Anlagen führte mich hinunter an die Mulde. Plötzlich hörte ich ein ähnlich überschwängliches Lachen, wie ich es von meiner Großmutter kannte. Ich folgte den vertrauten Tönen und stieß auf das Ufer des Flusses. Breit und gemächlich zog er um den Park herum. Dann entdeckte ich, woher das Lachen gekommen war. Prustend vor Vergnügen, saßen mir vollkommen unbekannte Menschen in einem Boot, das mitten im Wasser feststeckte, schrien und riefen vor Übermut. Sie waren an einer flachen Stelle auf Grund gelaufen. Vergebens versuchten sie, sich mit Rudern und Stangen vom Boden abzustoßen.

Plötzlich sprang einer von ihnen kurzerhand mit Kleidern ins Wasser. Das weckte erst recht Begeisterung. Zum Glück war es ein warmer Abend. Der Mann zog das Boot zurück ins fließende Gewässer, kletterte nass, wie er geworden war, wieder hinein, und die Gruppe paddelte fröhlich weiter. Kurze Zeit später verschwand sie um die Biegung und war nicht mehr zu sehen. Ihr Lachen hingegen hallte noch lange über die Uferböschung hinweg.

Auf dem Rückweg dachte ich über die Rhododendronbüsche im Schattengarten nach. Ganz offensichtlich konnten solche Pflanzen am

Kyffhäuser nicht gedeihen. Sie brauchten mehr Licht, mehr Wasser und einen anderen Boden. Ich nahm mir vor, dort keine weiteren Exemplare mehr zu pflanzen. Es gab genügend Orte, die für sie geschaffen waren. Wenn ich sie wiedersehen wollte, konnte ich dorthin fahren, wo sie ihre Ursprünge wahrten, und sie in Ruhe betrachten.

Kapitel XVI

Die freiwillige Feuerwehr

»Es hat bei uns gebrannt«, sagte Franz. Wir lagen in einem Hotelbett, ich hielt die Augen geschlossen und war drauf und dran gewesen einzuschlafen. Was hatte Franz da eben gesagt? Ich riss die Augen auf und starrte ins Dunkle. Vor wenigen Stunden hatte er noch einen Vortrag im Museum gehalten, einige Freunde waren dazu gekommen und anschließend noch mit uns ausgegangen. Es war ein heißer Sommertag gewesen, der Abend erholsam kühl und unbeschwert. Franz' Mitteilung kam völlig überraschend.

»Wie meinst du das?«, fragte ich und wandte mich ihm zu. Hinter seinem Bett befand sich das Fenster zum Hof, eine Laterne schien von draußen herein, und ich konnte im Gegenlicht seine Umrisse sehen.

»Auf unserem Grundstück am Kyffhäuser hat es gebrannt. Die Feuerwehr ist gekommen.« Seine Stimme klang ernst und schleppend. Ich versuchte, ganz ruhig zu bleiben: »Was ist geschehen?«

»Ich weiß es nicht. Es war oben am Eichenhain. Ich saß vor der unteren Hütte und habe gezeichnet, draußen war es wieder unglaublich warm, aber ich habe nichts gesehen, kein Knistern, kein Knacken gehört. Es macht normalerweise doch Geräusche, wenn ein Feuer brennt. Ich habe nur etwas Merkwürdiges gerochen, war aber nicht einmal sicher, ob es tatsächlich Rauch war. Dann habe ich es plötzlich gemerkt, bin sofort den Hang hinauf gelaufen, so wie ich war, barfuß und in Galoschen, habe versucht, die Flammen auszutreten, aber es ging einfach nicht. Der ganze Unterboden war ein einziges Glutbett. Es hatte sich unter dem Moos weiter gefressen. Ich konnte es nicht abstellen. Die Trockenheit, verstehst du?« Ich nickte im Dunkeln, fürchtete, er werde aufhören zu sprechen, wenn ich das Licht anzündete. »Es brannte überall gleichzeitig. Ich konnte nichts machen. Es war furchtbar.«

Ich merkte, wie verzweifelt er war. Es musste grauenhaft für ihn gewesen sein. Warum hatte er mir nichts davon erzählt? Gleichzeitig bangte ich um mein geliebtes Moos. Der ganze Eichenhain in Flammen? War das wirklich wahr? Alles schwarz und verkohlt?

»Und du selbst? Ist dir etwas zugestoßen?«

Ich sah ihn im Dunkeln langsam nicken. Ihm seien die Galoschen weggeflogen, als er versucht habe, das Feuer auszutreten, sagte er. Daraufhin habe er sich an der Sohle verbrannt. Jetzt knipste ich doch das Licht an. Ich wollte mir die Wunde ansehen. Bereitwillig hielt er mir seinen Fuß hin. Es sah schlimm aus. Wie hatte er das den ganzen Abend lang ausgehalten?

Ich ging ins Badezimmer, feuchtete ein Handtuch an und säuberte vorsichtig die Fußsohle. Dann kramte ich meine Nagelschere aus dem Waschbeutel hervor, desinfizierte sie mit Parfüm und beschnitt die Ränder der Wundstelle. Leider hatte ich kein Verbandszeug dabei, nur ein paar wenige Pflaster, aber es war besser, wenn die Wunde über Nacht offen blieb. Dann konnte sie schneller heilen.

Während ich Franz versorgte, erzählte er mit leiser Stimme von der Feuerwehr. Es war ihm entsetzlich peinlich, dass sie wegen ihm ausrücken musste, und er fühlte sich schuldig. Was solch ein Einsatz wohl kostete?, fragte er mich, während er sich mit dem Ballen der rechten Hand die Stirn massierte. Warum nur hatte er den Brand nicht rechtzeitig entdeckt? Und was um alles in der Welt hatte ihn ausgelöst?

Mit einem ganzem Löschzug seien sie angefahren, erzählte er, zwanzig bis dreißig Leute in voller Montur auf dem Hang herum geturnt, angeführt von einer jungen Frau mit auffallend flachsblonden Haaren. Allesamt Mitglieder der Freiwilligen Feuerwehr aus der Umgebung. Einige von ihnen trugen Kanister auf dem Rücken, aus denen sie mit einem Hebel Wasser in einen Schlauch pumpten. »Die Frau hatte die Sache voll im Griff«, sagte Franz. »Alle haben auf ihr Kommando gehört, ohne Zögern die Befehle ausgeführt. Eine richtige Jeanne d'Arc war das.«

Zunächst hätten die Feuerwehrleute versucht, den Brand auf konventionelle Weise zu löschen, doch der Schlauch war einfach nicht lang genug, der Wagen zu schwer gewesen, um den Weg höher hinaufzufahren. Dann seien die tragbaren Spritzen zum Einsatz gekommen. Schnell seien die Kanister leer gewesen, doch dann habe die Kommandeurin Franz' Zisterne entdeckt. Ob da etwa Wasser drin sei, habe sie ihn gefragt. Auf sein Nicken hin hätte sie mit ihm gemeinsam die schwere Abdeckung angehoben und die Leute angewiesen, ihre Kanister aufzufüllen. Was für eine Entdeckung! Die Helfer waren begeistert. Normalerweise hätten sie mühsam den Hang hinunter- und wieder hinaufklettern müssen, um sich frisches Wasser zu holen.

Nachdem der Brand gelöscht war, fingen alle an, sich gegenseitig anzuspritzen. Franz habe dem mit Missbehagen zugeschaut, erzählte er. Schließlich hatte er das Wasser nicht für diese verrückt gewordenen Feuerwehrleute gesammelt. Aber er konnte schlecht etwas dagegen sagen. Schließlich hatten sie soeben einen Waldbrand verhindert, und das auf seinem Grundstück.

Die Kommandeurin lobte ihn ausdrücklich. Solch einen Wasserspeicher müsse hierzulande jeder anlegen, meinte sie. Dazu sollte eine eigene Verordnung erlassen werden. Dann gäbe es keine Brände mehr, und der Wald sei in Sicherheit.

Nachdem ich Franz' Fuß versorgt hatte, löschte ich das Licht, nahm ihn in den Arm und tröstete ihn. »Lass uns schlafen«, sagte ich zu ihm. »Die Wunde braucht Ruhe. Wir können jetzt sowieso nichts unternehmen.«

Am nächsten Morgen dachte ich mir, wir sollten auf der Rückfahrt sicherheitshalber am Grundstück vorbeizufahren und dort nach dem Rechten sehen. Irgendwie hatte ich ein komisches Gefühl im Bauch. Beim Frühstück suchte ich Franz zu überzeugen, seine anstehenden Termine zu verschieben. Über den Kyffhäuser zu fahren sei eigentlich kein großer Umweg.

Er ließ sich leicht überreden. Einträchtig verließen wir das Hotel und fuhren gemeinsam zum Kyffhäuser. Damit er seinen Schuh ausziehen und noch einmal Luft an die Wunde lassen konnte, hatte ich mich ans Steuer gesetzt. Es war ein sonniger Tag, die Lerchen flogen hoch, und Franz hatte allen Grund, fröhlich zu sein, doch es gelang ihm nicht. Der Schreck saß ihm in den Knochen. Ein Waldbrand hätte den ganzen Garten zerstört, die Arbeit von vielen Jahren mit einem Schlag vernichtet. Was für eine entsetzliche Vorstellung. Außerdem quälte ihn die Schuld. Der gesamte Kyffhäuser hätte seinetwegen abbrennen können, zumal der Brandherd sich auf seinem Grund befand. Sicher nahmen die Feuerwehrleute an, er selbst habe das Unglück verursacht, doch das war unmöglich. Er hatte seit Wochen kein Lagerfeuer mehr angezündet, im Freien keine Zigaretten mehr geraucht. Wie hatte das nur geschehen können?

Wir fuhren so weit wie möglich hinauf. Mit etwas Verve und viel Schwung konnte man an trockenen Tagen bis fast aufs Grundstück gelangen. Das hatten wir inzwischen gelernt. Den Rest des Weges bestritten wir schweigend zu Fuß. Die Vögel sangen, eine Brise brachte Blätter und Gräser zum Tanzen. Es war ein Tag wie Samt und Seide.

Oben angekommen, schloss Franz die untere Hütte auf, doch ich lief weiter zur Unglückstelle hinauf. Mich trieb ein ungutes Gefühl. Und tatsächlich: Als ich den Eichenhain erreicht hatte und nach der Zisterne Ausschau hielt, entdeckte ich den Rauch. Dünn und unauffällig stieg er aus dem Boden auf. Der Wind hatte das Feuer neu entfacht.

Eilig griff ich nach einem dicken Stock, lief zu der Stelle hin und zog Blätter und Moos auseinander. Gleichzeitig rief ich Franz zu, er solle eine Harke mitbringen, dazu einen Eimer. Zum Glück trug ich meine feuerfesten Stiefel.

»Wie konnten sie nur annehmen, der Brand sei gelöscht?«, sagte ich, als Franz den Hang hinaufgehastet kam.

»Sie haben behauptet, sie würden eine Brandwache abstellen«, antwortete er verzweifelt. Jetzt ging das Drama von vorn los. Aufgeregt kratzten wir die Oberfläche ab, rissen rotglimmende Wurzeln heraus, trampelten auf dem Boden herum und gossen Wasser darüber. Wir zerrupften das Moos und warfen es zur Seite, zogen der rauchenden Erde die Decke weg, doch es wurde nicht weniger. Die Glut hatte sich über viele Meter in die Tiefe gefressen. Ein ganzer Baum war schwarz vor Ruß geworden, zumindest dort, wo sein Stamm im Boden verschwand. Ich kratzte die Rinde ab, doch das war nicht leicht, und was sollte das eigentlich nützen? Wäre es nicht besser, wenn dem Baum dieser Schutzmantel erhalten blieb?

Plötzlich fing ich an zu lachen. Es war einfach zu seltsam, was wir hier taten. Was sollten wir, zwei kleine Menschen, gegen solch eine Übermacht ausrichten? Erst war die Hitze gekommen, dann der Borkenkäfer, schließlich der Sturm und jetzt auch noch ein Feuer. Hatte sich denn alles gegen uns verschworen? Wo blieben eigentlich die guten Geister? In den alten Sagen wurde behauptet, es gäbe am Kyffhäuser eine weise Frau, die Wunder wirken könne. Wo war sie geblieben? Könnte sie sich nicht bitteschön dieses Unheils annehmen und es abstellen.

Franz sah mich erstaunt an. »Was ist denn mit dir los? Drehst du jetzt durch?« Aber ich lachte weiter, konnte und wollte einfach nicht aufhören. »Lass es doch brennen, lass das ganze Holz verglimmen. Wir können sowieso nichts dagegen machen. Wenn der Wald brennen will, muss er brennen, wenn er vertrocknet, muss er vertrocknen. Wenn er wachsen will, wird er wachsen, und wenn er leben soll, wird er überleben. Ist Asche nicht das beste Düngemittel der Welt? Werden Felder im Herbst nicht eigens abgebrannt, damit ihre Erde im Frühjahr fruchtbarer ist? Vielleicht entsteht hier gerade ein neues Paradies!«

Franz schaute eine Weile lang griesgrämig in meine Richtung, doch allmählich drehte sich seine Stimmung. Das Lachen steckte ihn an. »Du hast recht«, sagte er und warf die Hacke auf den Boden, ließ mit einem Knall den Deckel zurück auf die Zisterne fallen. Gleich werde er bei der Feuerwehr anrufen und fragen, wo verdammt nochmal die Brandwache geblieben sei. Das Feuer habe sich doch tatsächlich neu entzündet! Wenn seine Frau nicht darauf bestanden hätte, noch einmal zum Grundstück zurückzukehren, wäre der Hang diesmal wirklich abgebrannt. Dann umarmte er mich und ließ mich nicht mehr los.

Kapitel XVII

Dschungel im Kyffhäuser

Nach einigen Wochen begann es zu regnen. Ich saß in der unteren Hütte und sah aus dem Fenster. Ratternd fiel das Wasser auf das schräge Dach. Die Regentonne füllte sich unaufhörlich. Auch die Zisternen waren sicher randvoll. Ja, auch das gab es am Kyffhäuser: Es konnte regnen wie aus Kannen, und das tagelang.

Obwohl es mitten am Tag war, hatte ich das Licht eingeschaltet, so dunkel war der Himmel geworden. Das Wasser strömte auf Büsche und Bäume. Traf ein Tropfen direkt auf ein Blatt, gab es umgehend nach und bog sich samt Zweig nach unten. Es sah aus, als hätte es einen Schlag bekommen. Blätter konnten ausweichen, die Nässe auffangen und nach unten weiterleiten. Auch Grashalme nahmen den Regen auf, doch die silbernen Tropfen blieben daran hängen, verhielten einen Augenblick und rannen allmählich hinunter. Ich konnte mitzählen, derart langsam ging das vonstatten. Ein Wassertröpfchen nach dem anderen rollte hinab, unaufhörlich, immerzu.

Der Boden unter den Bäumen wirkte noch recht trocken, doch die Wiese war bereits tüchtig nass. Das würde Franz freuen, dachte ich, denn es brachte das Gras zum Wachsen. Schon jetzt reichten mir die Halme bis zum Knie. Auch das Moos würde neu gedeihen, den Boden unter den Eichen frisch bedecken und eine dunkelgrüne Einheit bilden.

Franz war ins Tal gefahren, um den Feuerwehrleuten zum Dank einen Kasten Bier zu bringen. Erleichtert kehrte er von seinem Ausflug zurück. Ich sah ihn mit einem alten Regenschirm in der Hand den Weg hinaufkommen. Euphorisch hätten sie ihn willkommen geheißen, erzählte er mir, für das Bier herzlich gedankt. Kein Mensch war auf die Idee gekommen, ihn für den Brand zur Verantwortung zu ziehen. Nein, weit gefehlt: Er wurde als Retter des Waldes gefeiert. Ohne das Wasser aus seiner Zisterne wäre alles abgebrannt. Die junge Frau, die oben auf dem Berg das Kommando geführt hatte, habe lautstark hinzugefügt, das sei bestimmt ein Raucher gewesen. Auslöser sei eigentlich immer eine Kippe, besonders wenn der Boden sich entzündet hatte.

Franz konnte es kaum glauben, doch es traf ihn tatsächlich nicht die geringste Schuld. Ich nickte ihm zustimmend zu, und er verzog sich in die obere Hütte. Dann sah ich dem Regen wieder beim Fallen zu. Die Blätter glänzten vor Nässe, die Äste und

Stämme verdunkelten sich. Alles tauchte in Wasser ein, wurde überschwemmt und durchtränkt. Dank des lichten frühsommerlichen Grüns vermittelte das Unwetter einen freundlichen Eindruck. Die Pflanzen schienen vor lauter Dankbarkeit zu lächeln.

Ich schloss die Augen und lauschte auf den Rhythmus, der sich vom Dach in das Zimmer übertrug. Ein lebhaftes Klopfen und Trommeln war zu hören. Jeder Tropfen machte ein eigenes Geräusch, hatte einen singulären Klang. Einige hörten sich schwer an wie Blei, andere schwach wie ein Tippen mit der Fingerspitze. Regenwasser war ganz offensichtlich keine homogene Masse.

Das Wetter erinnerte mich an Singapur, wo ich nach meinem Abitur einige Monate lang gelebt hatte, und weckte vertraute Erinnerungen. Ich half damals in einer jungen Familie aus, die für ein Jahr dorthin gezogen war, und betreute die Kinder, zwei Jungen im Alter von fünf und sieben Jahren. Wenn es dort regnete, wurden wir sofort klatschnass, die Kleider klebten am Körper, die Haare in Strähnen am Kopf. Aber wir blieben unbeschwert, denn die Luft war warm, und wir konnten nicht frieren. Der plötzliche Niederschlag gehörte zum Alltag und bot eine angenehme Erfrischung. Sobald der Regen wieder aufhörte, kehrte die gewohnte Hitze zurück und trocknete in Sekundenschnelle unsere Anziehsachen.

Ich mochte die tropische Atmosphäre, die in Singapur herrschte, die hohe Luftfeuchtigkeit. Es war konstant mild draußen, am Tag wie auch des Nachts, das ganze Jahr lang. Durch die warmen Temperaturen war rundherum alles ständig grün, überall wuchsen Blumen und Blüten: Bougainvilleas wie Unkraut, Palmen und Schlingpflanzen, Bananenstauden und, ja, sogar Orchideen. Wir lebten in einer grünen, feuchten Höhle – das gefiel mir gut.

Einige Menschen ärgerten sich darüber, besonders diejenigen, die sich diesen Wohnort oder Arbeitsplatz nicht freiwillig ausgesucht hatten. Sie schimpften auf die Hitze, das ewige Schwitzen. Und sie beschwerten sich sogar, wenn der Regen kam. Die Kinder hingegen tanzten auf den Straßen, sprangen barfuß in die Pfützen und spritzten sich gegenseitig nass. Sie kosteten den Spaß aus, denn sie wussten, dass er rasch wieder vorbei wäre.

Das Leben in den Tropen war absolut außergewöhnlich, Singapur ein echtes Abenteuer für mich. Gleichzeitig kam es mir vertraut vor. Das liegt sicher daran, dass ich in Afrika geboren bin, in Accra, der Hauptstadt von Ghana. Bevor ich zwei Jahre alt war, wurde mein Vater versetzt, und wir mussten weiterziehen. Jahrzehntelang habe ich das Land nicht wiedergesehen. Die unbewusste Erinnerung an die dauerhafte Wärme, ihre traute Verlässlichkeit ist mir jedoch geblieben.

Letztes Jahr bin ich zum ersten Mal nach Ghana zurückgekehrt. Schon als ich aus dem Flieger stieg, noch im Verbindungssteg zum Flughafengebäude, erkannte ich die vertraute Atmosphäre. Ich verlangsamte meinen Schritt, spürte dem Gefühl nach und musste plötzlich tief und anhaltend schluchzen. Ein Stück zuhause.

Verzweifelt lief ich weiter, versteckte mich, im Gebäude angekommen, in einer Nische, weil ich mich für meine Empfindung schämte. Was würden die anderen Passagiere von mir denken? Ghana konnte nicht mein Heimatland sein, das musste ich einsehen. Ich bin eine Weiße, wurde hier nur geboren.

Doch meine Gefühle waren stärker. Und sie brachten die alten Erinnerungen zurück. Plötzlich hatte ich das weitläufige Gelände vor Augen, das sich um das Haus meiner Eltern erstreckt hatte, unseren kleinen Sandkasten und die schmalen Pfade zwischen den hohen Bäumen. Auch hier war es ein Schattengarten gewesen, der uns umgab, denn in der prallen Sonne hält man es in Ghana nicht lange aus.

Mir fiel der Angestellte meiner Eltern ein, der für uns kochte. Mühelos bezwang er barfuß die hohen Palmen, die in dem Garten wuchsen und erntete prächtigste Kokosnüsse. Damit ihre Schalen zerbrachen, warf er die Nüsse hinunter auf den Boden, klettert rasch abwärts und zerteilte sie mit ausholender Machete in Stücke. Er schälte das Fruchtfleisch heraus, legte es in eine Schüssel und hielt sie uns Kindern auffordernd entgegen. Glücklich stürzten sich meine Geschwister darauf.

Jeden Tag brachte er andere Früchte mit, einmal frische Ananas, am darauffolgenden reife Bananen oder Mangos. Immer lachte er fröhlich, wenn er uns das zubereitete Obst reichte, beobachtete neugierig, wie wir das einzelne Stück zunächst vorsichtig kosteten und dann schnell in den Mund schoben. Haltlos konnte er sich darüber freuen, wenn er sah, wie gut es uns schmeckte.

Accra war für mich das Paradies gewesen, ich durfte mich dort aufhalten, war glückliche Besucherin auf Zeit. Endlich war ich dorthin zurückgekehrt. Ich reihte mich in den Strom der Reisenden ein und stellte mich bei der Passkontrolle in die Schlange. Aufgeregt nahm ich mir vor, nach den Plätzen suchen, an denen ich meine Kindheit verbracht hatte, das Krankenhaus, in dem ich geboren, die Kirche, in der ich getauft worden war.

Beim Schalter angekommen, kramte ich meinen Pass heraus und schob ihn unter der Glasscheibe hindurch. Die Beamtin schlug ihn auf, prüfte die Angaben zu meinem Geburtsort und sah mich überrascht an. Dann entdeckte sie meine Tränen, lächelte anteilnehmend und sagte: »Welcome home!«

Wenn es im Sommer am Kyffhäuser regnete, fühlte ich mich wie im Dschungel. Ich zog mir etwas Warmes über, setzte mich in der unteren Hütte dorthin, wo die zwei Fenster die gläserne Zimmerecke bilden und sah hinaus. Dann verwandelten sich die Ahornbäume in Palmen und die Schlingpflanzen in Lianen. Die Kletterrose, die Franz an die Ecke der oberen Hütte gepflanzt hatte, sah von weitem auf einmal aus wie eine Bougainvillea, und die Blüten des Feenkrauts in den Stufenbeeten am Hang wie Orchideen. Dann fühlte ich mich im Kyffhäuserwald fast ein wenig zuhause.

Kapitel XVIII

Abreise in die Stadt

Ich stehe am Rand unseres Grundstücks und schaue hinunter zur Zufahrt, wo Franz auf halber Höhe an unserem blauen Kastenwagen hantiert. Die Sonne brennt mir in den Nacken. Wir packen unsere Sachen zusammen, müssen wieder abreisen. Das fällt uns nicht leicht: Immer, wenn es zurück in die Stadt geht, herrscht am Kyffhäuser das beste Wetter. Die Luft ist frisch, die Wiese glänzt in mildem Licht, und die Bäume werfen lustige Schatten auf den Boden.

An solchen Tagen würde man eher aufs Land fahren als in die Stadt, aber was soll's? Im Laufe der Jahre haben wir uns daran gewöhnt. Die leise Wehmut, die uns dabei befällt, schenkt uns Gewissheit, dass es einen Ort gibt, an den wir jederzeit gerne zurückkehren und der uns zufrieden stimmt. Der Schattengarten läuft uns nicht davon. Im Gegenteil: Er wird geduldig auf uns warten.

An der Stelle, an der ich stehe, fällt das Gelände steil ab, und Franz hat Stufen in den Hang geschlagen, damit man ihn leicht erklimmen kann.

Parallel zum Rand liegt ein Stamm auf dem Boden, der so aussieht, als sei der Baum, zu dem er gehört, umgestürzt und abgestorben. Doch aus dem waagerecht liegenden Holz wachsen senkrecht Triebe. Das Leben geht also weiter. Zu Beginn sind die neuen Schösslinge nur in die Höhe gewachsen, doch allmählich gehen sie in die Breite. Ihnen beim Wachsen beizuwohnen, schenkt Hoffnung.

Das ist wahrscheinlich der eigentliche Grund dafür, das Franz das Grundstück damals gekauft hat. Er wollte Pflanzen beim Wachsen zuschauen, die er selbst gepflanzt hatte. Dabei sollte ihn niemand stören. Es ging nicht um mich oder uns, sondern seine Herkunft. Er wollte aus eigener Kraft ein Stück Land erwerben und es dann persönlich bestellen. Das war sein eigentliches Motiv gewesen.

Zu diesem Zweck hatte er sich einst auf den Weg gemacht, fort von der Kleinstadt, in der er geboren wurde. Sonst hätte er auch den Garten seiner Eltern übernehmen können. Ich war also gar nicht gemeint gewesen, als er beschloss, das Grundstück zu erwerben, und musste mich auch nicht mehr übergangen fühlen. Vielmehr wollte er mir wahrscheinlich die Wahl lassen, daran teilzuhaben. Ich sollte mich zu nichts gezwungen fühlen. Denn er wusste, dass ich keine Hobbygärtnerin bin. Ich besitze nicht einmal Zimmerpflanzen.

Gleichzeitig hatte Franz den Garten nicht für sich allein gekauft. Er wollte etwas Schönes schaffen, damit wir dort gemeinsam glücklich sind. Auch die Kinder und unsere Freunde sollten sich jederzeit willkommen fühlen. Ein Projekt voll guter Hoffnung.

Franz freute sich, dass er das Auto inzwischen bis ans Grundstück fahren konnte. Das gelang ihm nicht mehr nur an trockenen Tagen, denn parallel zum Weg hatte er eine Rinne bis hinunter zur Straße in den Boden geschlagen, die er regelmäßig mit der Spitzhacke nachzog. Das war schwere Arbeit, doch so konnte das Wasser nach anhaltenden Regengüssen ablaufen, und der Weg wurde nicht mehr schlammig und glatt. Das war eine kolossale Verbesserung. Nicht nur Lebensmittel oder Bücher, Kleidung oder Schuhe, die wir während unseres Aufenthalts benötigten, waren auf einmal leichter zu transportieren. Vor allem das rare Trinkwasser mussten wir nicht mehr den Berg hinaufschleppen. Franz fuhr es mit dem Auto kurzerhand bis fast vor die Tür.

Schwer atmend kommt er jetzt den Hang heraufgeklettert. »Na, alles beisammen?«, ruft er mir entgegen. Ich nicke und trete zur Seite, um ihm Platz zu machen.

»Hast du eigentlich gesehen, was mit unserer Haustanne passiert ist?«, fragt er mich und zeigt auf den Nadelbaum oberhalb der unteren Hütte.

Drei Triebe hatten sich unter der Bruchstelle auf unterschiedlicher Höhe herausgebildet und waren gewissermaßen um die Wette gewachsen. Einer davon hatte tatsächlich das Rennen gemacht, der schwächste von allen. Er würde in Zukunft die Spitze des Baumes ausmachen.

»Faszinierend, ja. Einer hat sich durchgesetzt«, sage ich. »Dabei hatte gerade dieser den längsten Weg.«

»Vielleicht gerade deshalb«, sagt Franz und grinst.

»Wie meinst du das?«, frage ich ihn.

»Na, gerade die Kleinsten entwickeln doch oft den größten Ehrgeiz.«

Ich sehe ihn nachdenklich an.

»Denk an Napoleon«, lacht Franz und wendet sich der oberen Hütte zu, um nachzusehen, ob dort alles in Ordnung ist.

Während er oben abschließt und seinen üblichen letzten Rundgang über das Grundstück macht, überprüfe ich die untere Hütte, stecke noch mein Mobiltelefon in den Rucksack und das Ladekabel. Dann ziehe ich das Gästebuch aus dem Regal, gehe damit vor die Hütte und setze mich an den schweren Holztisch. »Was soll ich diesmal eintragen?«, rufe ich zu Franz hinauf.

Während ich auf seine Antwort warte, blättere ich durch die Seiten. Fünfzehn Jahre waren seit meinem ersten Besuch am Kyffhäuser vergangen.

Was hatten wir hier alles erlebt! In vielen Zeilen, dazu einzelnen Zeichnungen, waren die zahlreichen Erlebnisse festgehalten worden: die Rodungen zu Beginn und die Wiederaufrichtung der beiden Hütten, der Bau von Treppen und Wegen, die Holzsammelaktionen und Lagerfeuer. Kaum eine Wanderung, wusste das Buch zu berichten, von der ich nicht schwere Steintafeln aus einem der benachbarten Brüche mitgebracht hatte, damit Franz sie als Wegplatten einsetzen konnte. Kaum ein Einkauf ohne den Erwerb einer neuen Pflanze im nahe gelegenen Gartenmarkt. Alles fand hier einzeln seine Erwähnung.

Ich hatte Vögel beobachtet und einige dabei neu kennengelernt, wie den Grünspecht, der eine Zunge hat, die so lang ist, dass er sie in seinem Kopf verstauen muss. Ich konnte inzwischen Kleiber erkennen, die kopfüber am Baumstamm hingen, während sie in der Rinde nach Nahrung pickten, hatte einen echten Gimpel gesehen, sehr früh am Morgen, denn diese Vögel sind überaus scheu. Er saß am Fenster vor der oberen Hütte, direkt vor der Scheibe, und seine Federbrust leuchtete rot wie Feuerglut.

Nur meine Mufflons waren nicht zurückgekehrt. Selbst auf den ausgedehnten Streifzügen hatte ich nie wieder welche entdeckt. Ob sie bloße Einbildung gewesen waren? Der Anblick der tanzenden Tiere indes stand mir deutlich vor Augen.

Ich hatte Regen erlebt und Trockenheit, Baumblüte und schwarzrote Kirschen. Die normalerweise dunkelgrüne Wiese vor der unteren Hütte war einen Sommer lang derart verbrannt gewesen, dass die Halme unter den Schritten knisterten und zerbrachen wie Stroh. Wir hatten gelernt, Brauchwasser zu gewinnen und in Zisternen zu sammeln, gelernt, sparsam damit umzugehen und dennoch vergnügt zu bleiben. Franz hatte Eiben und eine Rotbuche gepflanzt, Gewächse, die damals kniehoch waren und ihn jetzt glatt überragten. Feste hatten wir gefeiert und Mäuse verjagt, am Feuer gesessen und rücklings im Moos gelegen, den Blick in die Baumkronen gerichtet und der Stille zugehört. Mal gab es Streit und dann Versöhnung, mal diskutierten wir oder tauschten uns aus. Die Kinder wuchsen auf, wurden groß und zogen von dannen. Hin und wieder kehrten sie zurück, brachten Freunde mit, um ihnen den Garten zu zeigen.

Wir hatten Tannennadeln rieseln hören und den Schädling verflucht, ganze Bäume krachend zu Boden gehen sehen und einen Moosbrand gelöscht. Über Monate hatte ich einen goldenen Ring gesucht und ihn tatsächlich wiedergefunden. Für Franz waren es Pflanzen gewesen, mit denen er den Garten füllte, für mich meine Erinnerungen. So war das Gelände urbar geworden und allmählich vertraut, zwar auf unterschiedliche Weise, doch am Ende mit demselben Ziel.

All das würde weitergehen. Das Buch war noch lange nicht zu Ende, die Seiten längst nicht alle gefüllt. Ich schreibe meinen Namen hinein und die Daten unseres Aufenthalts. Als Franz kommt, fügt er das Seine hinzu und verweist einige Zeilen lang auf die neu zu erwartende Tannenspitze. Dann stellt er das Buch zurück ins Regal und sperrt die Tür ab.

Wir laufen zum Auto hinunter, steigen ein und fahren zurück in die große Stadt. Inzwischen erscheint mir die Rückfahrt länger als die Anreise – auch das eine Veränderung, aus der sich Hoffnung schöpfen lässt.

ISBN 978-3-98568-173-0

1. Auflage 2025

Belziger Straße 35, 10823 Berlin
info@kanon-verlag.de

Umschlaggestaltung: Teresa Habild / h-bild.de
Illustrationen © Teresa Habild
Herstellung: Daniel Klotz / Die Lettertypen
Reihengestaltung und Satz: Ingo Neumann / boldfish.de
Druck und Bindung: Pustet, Regensburg
Printed in Germany

www.kanon-verlag.de